图解蔬果伴生栽培优势与技巧

[日] 木岛利男 著

赵长民 译

（山东省昌乐县农业农村局）

巧用伴生栽培，培育美味可口的蔬果

彼此有着互惠互利的关系

灵活运用伴生栽培，是不依赖农药和化学肥料，培育健康、美味、可口的蔬果所不可缺少的技巧。

很多植物在自然状态下，在有限的环境中，与其他植物一边互相竞争，一边向着对自己有利的方向生存下去。但是，很少有一种植物会独占一个地方，而是植株高的和植株低的、根深的和根浅的、喜欢日光和多少有点儿日光也能生长的，合理分开并一起生存着。

不仅如此，不同种类的植物在一起生长，也有各种各样的优点。多种植物在一起生长，能遮风挡雨，防止水土流失。多种植物在一起生长，各种各样的虫和微生物会增加，由于多样化，特定的害虫和病原菌就不能繁殖蔓延。如同大家所熟知的，在土壤微生物中，菌根菌和多种植物有共生关系，通过菌丝群落的作用使不同的植物能共享所需要的养分。

植物之间并不一定是这一种胜了另一种就败了的互相竞争关系，实际上较多的是在互惠互利，以共赢的方式“共生”着。

伴生栽培是农业生产经验和智慧的集结

伴生栽培是古代就已有的经验，一直应用到现在。特别是在耕地面积少的亚洲农村，在某种蔬菜的株间栽上另外的蔬菜，在相邻的行间又栽培别的蔬菜，这种混栽的情况即使现在也很常见。

不只是在日本，而是在世界各地，将黄瓜和南瓜与大葱混栽的方法都被广泛地应用着。人们从葫芦（葫芦科）和大葱混栽能够防止连作障碍这一传统农法中得到启示，经过认真、科学的分析，得知大葱根部周围生存着特定的根圈微生物，它们分泌出的抗菌物质能够抵御多种土壤病害。研究结果表明，葱的同类中都生存着同样的微生物。因此，将番茄和茄子与韭菜混栽，将草莓与大葱混栽，这些混栽方法也可应用。

本书中列举的伴生栽培组合虽然有很多，但是像上面这样的机制被科学地探明了的只是其中极少的一部分。伴生栽培是农业生产经验和智慧的集结。这些植物组合具有的优点，即使时间和场所不同也能有再现性，因此在栽培中可以灵活运用。通过伴生，植物能够利用本来的力量，提高土壤这一小的生态系统的综合生产能力，从而健全地培育出美味可口的蔬果。

木岛利男

认识伴生栽培

取得的 4 种效果

预防病害

利用微生物的力量减少、消灭病原菌

与大葱、韭菜类植物的根共生的微生物能释放出抗菌物质，可减少葫芦科、茄科等植物土壤病害的病原菌。

例：黄瓜 × 大葱、番茄 × 韭菜、草莓 × 大蒜等。

利用菌寄生菌

利用大麦、车前等易感染白粉病来繁殖菌的寄生菌，可抑制对植物产生危害的白粉病病原菌。

例：黄瓜 × 大麦、
葡萄 × 车前等。

 驱避害虫

利用气味和色泽等来防除害虫

一些植物为了不被害虫咬食，会在植株体内制造有毒性的忌避物质、防御物质。在进化过程中，害虫为了避免毒害而使自己具有抗毒性的功能。但是，这种能力只对有限的特定植物有效。害虫把植物的气味和色泽作为切入点，避开对自己有毒的危险植物，只吃特定的植物。如果把不同种类的蔬菜混栽，就可以扰乱害虫的取食，使害虫找不到想取食的蔬菜，因此在附近培育的其他种类的蔬菜也就得到了保护。

例：番茄 × 罗勒、甘蓝 × 紫叶生菜、
芜菁 × 胡萝卜等。

所谓伴生栽培，就是两种植物邻近栽培时非常投缘，对双方都有益处。

其实，“共荣栽培”这一词语更贴切。搭配种植，不论对哪一种植物都有益处，有时可能对其中的一种植物有更多的益处。

增加害虫的天敌数量

相对于害虫只吃某些特定的植物，害虫的天敌（益虫）却能吃多种害虫。

利用陪植植物，在栽培蔬菜的附近培育另外种类的植物，用来繁殖害虫的天敌，从而减少蔬菜上的害虫。

例：甜椒 × 金莲花等。

促进生长发育

适当地增加应激反应

在所栽培植物的附近再栽不同种类的植物时，植物会长得更高，产量也增加。它们的根各自伸展，吸水能力强，土壤透气性也会变好。从叶、茎、根分泌出来的特定物质和根周围的微生物的作用，使植物对养分的吸收能力也更强了。混栽可适当地增加应激反应，从而促进花芽分化，使植物抵御病虫害和不良环境变化的能力更强。另外，豆科植物由于微生物的作用会使土壤变得更肥沃，从而促进自身的生长发育。

例：番茄 × 花生、芋头 × 生姜、草莓 × 大蒜等。

有效利用空间

在植株基部空着的地方，能多培育 1 种或多种植物

最大限度地利用空间是伴生栽培的最大优点。只要是投缘植物，就可挨着栽培。正如“1 斗的容器中只能装入 1 斗的核桃，但是如果和小米混装，便可装入 1 斗的核桃和 1 升的小米”，在植株基部空着的地方还能再培育 1 种甚至多种的植物，特别是在家庭菜园等有限的面积内，伴生栽培是最有效的。

例：玉米 × 南瓜、茄子 × 荷兰芹（香芹）、甜椒 × 花生、甘薯 × 无蔓豇豆、芋头 × 生姜等。

最大限度地发挥效果
栽培的基本原则和要点

混栽

在 1 个垄上可培育
不同种类的植物

【基本原则】

在 1 种植物的株间和行间培育另外种类的植物，栽培的主要植物不仅能得到与进行单作时同样的产量，同时混栽的植物也得到了一定的产量，也就是总产量增加了。但混栽时，互相之间栽培的位置、栽培开始的时机等是很重要的。

要点：要充分掌握植物的特性并进行灵活运用。番茄和花生的混栽是“植株高的类型(番茄)× 植株矮的类型(花生)”形成投缘组合的同时，也是“需肥力强的类型（番茄）× 使土壤肥沃的类型（花生）”的良好组合。因为花生在日光充分照射的地方培育时，收成好并且品质也好，所以比起种在番茄的株间和行间来，还是栽在垄背上更能确保日照。同时花生的茎和叶覆盖着地表，对番茄正好起到护根、防止土壤水分蒸发的效果。

将十字花科的甘蓝和菊科的绿叶生菜混栽，主要以驱避为害甘蓝的害虫为目的。一般每隔 4~5 株甘蓝栽入 1 株绿叶生菜就很有效果，但是在菜粉蝶和小菜蛾的幼虫发生严重的地块，可适当增加绿叶生菜的株数。

间作

巧妙地利用植物
生育期的不一致

【基本原则】

间作是充分利用植物生育期长短不一的栽培方式。一般的混栽是把两种以上的植物几乎在整个生育期间内一起栽培。与此相对应，间作是在某种植物收获前的一定时间栽种，然后一起栽培。例如，茄子可从春天到秋天长时间培育，但是在同一垄上，在春天栽培的茄子间可点种上无蔓菜豆，夏天以后在茄子的基部可点种上萝卜。

要点：将春天收获的甘蓝与蚕豆的间作，是用已经培育着的甘蓝苗遮挡寒风而培育蚕豆。不只是单纯地一起栽培，还要考虑风向的利用，这是很重要的。

在栽培洋葱的垄上再播种绛车轴草，其目的是使土壤变肥沃。在芋头的株间栽培荷兰芹是利用其遮挡日光。我们应明确各种栽培组合的目的以进行合理栽培。

马铃薯和芋头的间作利用了马铃薯的行间和垄与垄之间的空间，可在收获马铃薯之前就栽种芋头，也可在马铃薯培土结束时栽种芋头，这需要我们在充分考虑作业效率的同时加以灵活运用。

混栽、间作的基本类型

单子叶植物 × 双子叶植物

甜椒(双子叶植物)和韭菜(单子叶植物)的混栽。双子叶植物在发芽时长着双叶。单子叶植物除葱类外，还有禾本科、天南星科等。它们的根圈微生物不同，所需要的肥料养分也不同。

深根类型 × 浅根类型

菠菜（深根类型）和细叶葱（浅根类型）的混栽。它们根的伸展互不影响。

植株高的类型 × 植株矮的类型

在植株高的茄子植株基部培育植株矮的花生。它们叶的伸展互不影响，能有效地利用空间。

为了充分发挥伴生栽培的效果，要针对各种各样的地块调整与植物相适应的栽培时期和混栽时的距离、品种等。

在积累经验的同时，也要不断探索适合自己的伴生栽培方法。

本部分内容可分 3 种类型进行解说。

前后茬栽培

灵活运用前后茬的适应性

【基本原则】

陪植植物投缘好的组合，尽管是前茬、后茬的组合，但是前茬和后茬几乎都可得到有益的效果。因为前茬的栽培给后茬创造了好的环境，不仅可以利于后茬培育，有时还可省去施堆肥和基肥，以及耕地的时间，能更大效率地利用土地。

要点：在栽培洋葱的垄上再培育南瓜或秋茄，或者在栽培萝卜之后再培育甘蓝的话，因为在前茬生长时就可减少病原菌，所以具有防除病害的作用。

另外，如果利用栽培青豆使土壤变肥沃的地块再培育其他植物的话，可减少肥料的使用量。但是，即使在同一地块，培育白菜比培育嫩茎花椰菜需要的肥料量就要多。如果理解了培育植物的性质和效果之后再进行栽培的话，就可更加灵活地运用前后茬栽培这一方法了。

◎需要避开的组合

与伴生植物相反，有些植物在一起培育会给对方带来不利影响。例如，在甘蓝的附近培育马铃薯，由于甘蓝的他感作用，马铃薯的生长发育会变差。从下面的图可看出，在甘蓝的附近只栽种了 1 行马铃薯，其生长发育就很差。

另外，还有病虫害在两种植物上都发生的组合。例如，虽然黄瓜和菜豆在促进生长发育方面是很好的组合，但是两种植物都能寄生根结线虫并增殖，因此要避开根结线虫发生量多的地块。除这个组合之外，其他还需要避开的组合请参照第 127 页中的介绍。

喜欢日光照射的类型 × 即使在遮阴处也能很好生长发育的类型

在芋头大叶片的遮阴处培育生姜，不仅能有效利用空间，还可提高其品质。

需肥力强的类型 × 使土壤变肥沃的类型

玉米需肥力强，需从更广范围处吸取养分。豆科的大豆（毛豆）由于根瘤菌的作用，可使土壤变肥沃。

生育期长的类型 × 生育期短的类型

利用萝卜长大前的空间可收获芝麻菜。芝麻菜有清香味，可驱避害虫。

目 录 Contents

一起培育的陪植植物

前后茬栽培的陪植植物

使果树结出美味可口果实的陪植植物

专栏

※ 本书介绍的栽培时期是以日本关东地区为基准的，气候类似我国长江流域。

陪植植物

一起培育的

【混栽 · 间作】

把不同种类的蔬菜在同一时期挨着培育的“混栽”和在一定期间内一起培育的“间作”的代表案例、栽培流程等分别做了介绍。组合搭配的植物，除蔬菜之外还有香草、花、杂草等，互相之间也是经常一起培育的组合。

番茄 X 花生

花生起到护根、保湿等作用，番茄的生长发育会更好

在番茄栽培过程中如果施肥过多，果实就难以坐果，即使坐住果也会因含水量过多而使品质下降。如果和花生混栽，即使不施肥，由于花生根上的根瘤菌，能够固定空气中的氮，也可使土壤变肥沃，从而适当地供给番茄养分。另外，花生的根上易着生菌根菌，可把有效磷和矿质元素等提供给番茄。

花生在地面上匍匐生长发育，可代替地膜等护根材料而使土壤保湿。因为多余的水分会被花生吸收，土壤中的水分便能够保持稳定，其结果就是能稳定地采收到品质好的番茄。此外，番茄的裂果也会变少。

栽培流程

【品种选择】一般的番茄品种都可以。花生最好选“大优”等匍匐性的品种，可起到护根、保湿等作用，易操作、效果好。

【整地】如果培育蔬菜的土壤好，就不用施底肥。如果是肥力差的地块，可在定植 3 周前施入发酵好的堆肥和饭菜渣精制肥后耕地、起垄。

【定植】在4月下旬~5月下旬把番茄、花生的苗都定植上。

【番茄的摘芽】摘除侧芽，留 1 根主茎培育即可。

【追肥】不需要追肥。

【采收】把完熟的番茄依次采收，一直到下霜前。花生，在 9 月下旬以后就可试着收刨，如果果粒成熟饱满了就可收获。

要点

花生的茎开始伸展时，在 2 周内要培土 2 次左右。把走道的土培到花生基部附近，其生长发育会更好，可采收到饱满的荚果。

应用：茄子、甜椒也可和花生混栽。

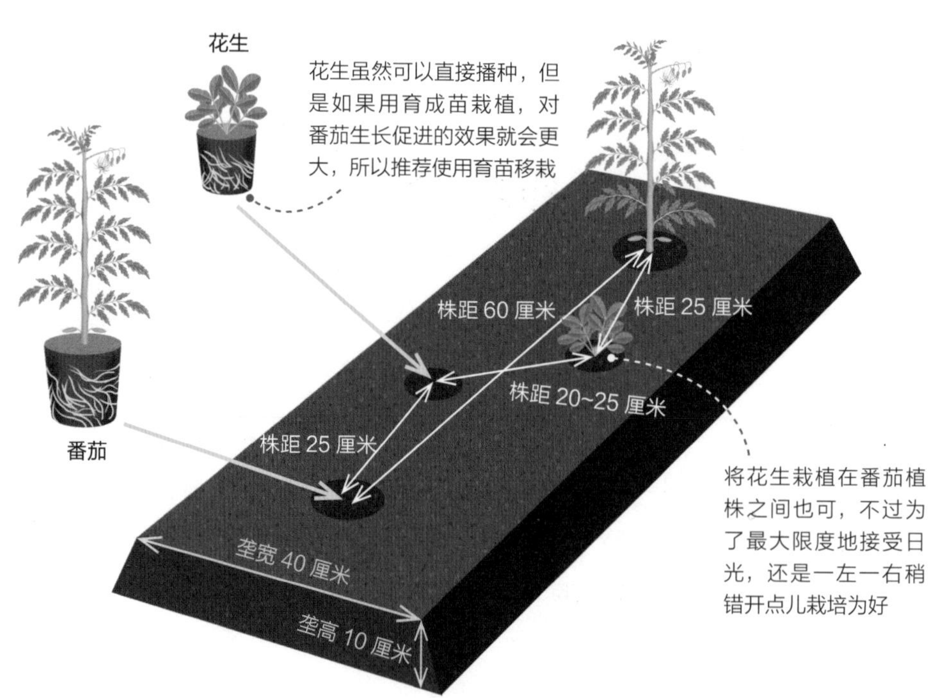

最终取得这样的效果

能最大限度地利用空间

能有效利用番茄植株基部闲着的空间。花生在秋天时就可采收。

番茄属茄科，花生属豆科。因为科不同，所以发生的病害和虫害也不一样。

番茄的果实更甜了。

花生可代替薄膜起到护根、保湿的作用

花生覆盖着表土，可代替薄膜等保护番茄的根。花生可吸收多余的水分，使土壤水分保持稳定；还可使泥土不易溅起，减少感病机会。

由于微生物的作用可为番茄提供养分

花生根部的根瘤菌可固定空气中的氮，经过一定时间后分解可提供养分。另外，菌根菌在花生和番茄的根上都可附着，可为植物提供有效磷和矿质元素等。

番茄 X 罗勒

促进生长发育

驱避害虫

罗勒的清香味可驱避害虫，番茄的果实也更好吃了

罗勒和番茄虽然都是与其他植物不能挨近栽培的、他感作用强的植物，但是这两者就非常投缘，彼此挨近栽培长势都很好。更有意思的是，作为食材二者也是非常投缘的。

罗勒清爽的香味对番茄上的蚜虫等害虫有驱避作用。只是如果二者栽培挨得太近，罗勒就会对番茄遮阴，使番茄的生长变差。相反，离得太远栽培，就起不到驱避害虫的作用。因此，以适当的距离栽培是最为重要的。

即使遇到雨天多的时候，罗勒也能适度地吸收土壤水分，使番茄果实不至于含水量太多，从而能培育出美味可口的果实。

栽培流程

【品种选择】一般的番茄品种都可以。罗勒除了选择“甜罗勒”外，还可选择紫色的“黑蛋白石罗勒”“紫褶边罗勒”等。在定植前的 1 个月就要播种育苗。

【整地】如果是对另外的蔬菜能够很好培育的土壤，就不用施底肥。如果是贫瘠土壤，就要在定植 3 周前施入发酵好的堆肥和饭菜渣精制肥后耕地，然后起垄。

【定植】在 4 月下旬 ~5 月下旬栽番茄苗的同时也把罗勒苗定植上。

【番茄的摘芽】要摘掉腋芽，留 1 根茎培育即可。

【追肥】不需要追肥。

【采收】把完熟的番茄依次采收，可一直到下霜前。

要点

当罗勒的叶伸出 5~6 对时，从中央茎顶端剪 2 对叶进行采收。如果侧芽伸长，随时摘掉尖端进行采收。罗勒叶嫩、香味也强、驱避害虫的效果也好。如果想早结束这茬番茄再栽培下茬，就把罗勒的地上部剪掉进行移栽，可培育到秋天，直至采收结束。

如果番茄栽 2 行，罗勒就不能栽在行间。为了采光好，罗勒要栽在番茄的株间。

罗勒可适当地吸收土壤水分，使番茄的果实不至于含水量过多，从而使品质变好。

罗勒的清香可驱除番茄上的蚜虫等害虫。

将罗勒栽在番茄的株间，株距要根据土壤的土质情况而定，一般离番茄的距离保持 30 厘米左右即可。

番茄 X 韭菜

预防病害　驱避害虫

韭菜根上附着的微生物，可减少土壤中的病原菌

韭菜和葱等葱属植物的根上共生着能分泌抗菌物质的拮抗菌。利用这些拮抗菌，可减少番茄的典型土壤病害枯萎病的病原菌等，从而预防病害的发生。

相较于根在浅层伸展的细叶葱，还是与番茄同样的根在深层伸展的韭菜更加适合与番茄的组合。1 株番茄， 其左右各栽 3 株韭菜，诀窍是使韭菜的根能包围住番茄的根，让二者的根互相接触。

在地上部，韭菜的气味在驱避害虫方面也能起作用，其也可和花生、罗勒等搭配混栽。

应用：茄子、甜椒等茄科蔬菜也能广泛地与韭菜混栽（参照第 21、23 页）。

栽培流程

【品种选择】一般的番茄品种就可以。韭菜的播种时间一般为 3 月上旬，先用盆、钵等培育。因为会出现番茄苗定植时韭菜苗还没有培育大的情况，所以可在上一年的 9 月中旬 ~10 月中旬播种，也可先购买韭菜苗。

【整地】如果是对其他蔬菜能够很好培育的土壤，就不用施底肥。如果是贫瘠土壤，就要在定植 3 周前施入发酵好的堆肥和饭菜渣精制肥后耕地，然后起垄。

【定植】在 4 月下旬 ~5 月下旬把番茄和韭菜同时定植。

【追肥】不需要追肥。

【采收】把完熟的番茄依次采收，可一直到下霜前。

要点

韭菜生长，在增加叶量的同时，会不断地进行分蘖。待其伸展开，便从韭菜基部留 2~3 厘米进行收割。定期收割，可经常培育出既鲜嫩又美味可口的韭菜。番茄采收结束时，把韭菜挖出来再进行移栽，到明年时还能再利用。

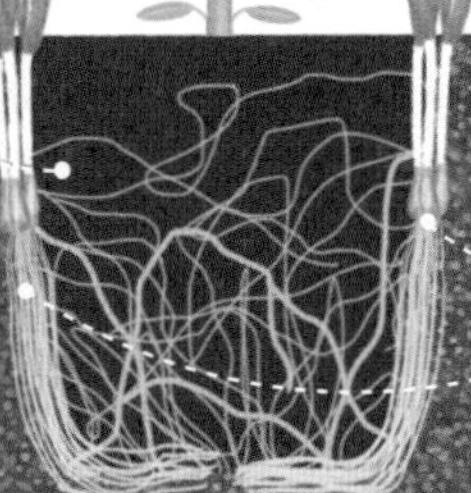

茄子 X 生姜

促进生长发育

驱避害虫

有效利用空间

有效利用茄子的遮阴，提高产量

茄子从 5 月定植到 11 月采收结束，这期间一直占着垄。随着植株长高，茄子的植株基部也产生了空间，利用这个空间可试着栽培另外的蔬菜。

生姜的生育期和茄子几乎相同，而且即使在稍微遮阴的地方也能培育。因此，可在茄子植株基部叶遮阴的地方，栽上生姜。茄子的根向土壤的深层伸展，吸收水分到上层来，从而使喜欢水分的生姜也容易吸收到水分。

由于生姜和茄子需要的养分种类不同，所以不会产生竞争，反而双方都能增加产量。

栽培流程

【品种选择】对茄子、生姜品种的选择都没有什么特别的要求。茄子，如果用嫁接苗会培育得更健壮。

【整地】在定植 3 周前施入发酵好的堆肥和饭菜渣精制肥后耕地、起垄。

【定植】在 4 月下旬~5 月下旬把茄子和生姜都栽上。把待播种的生姜割成每块 50 克左右，3 块并摆着定植到茄子的遮阴处。

【追肥】为了促进茄子的生长发育，可在垄的表面每株茄子周围施上 1 把饭菜渣精制肥，每半个月左右施 1 次。

【铺稻草】茄子和生姜都不喜欢干旱。铺上稻草等代替地膜覆盖，可以保湿。

【采收】茄子个头合适时便可依次采收。在下霜前的 11 月收刨生姜，同时拔除茄棵子。

要点

因为生姜不喜欢盛夏时的强日光照射，所以要栽在茄子的叶荫处。也可在夏天对茄子进行回剪（从基部剪掉植株）时，收获嫩姜。

利用茄子的叶荫可以生长得很好的生姜。

为了达到遮阴效果，生姜应栽到茄子的植株基部

若想在夏天收获嫩姜，生姜之间可稍间隔开，栽在茄子的植株基部。

茄子

生姜

株距 10 厘米

株距 60 厘米

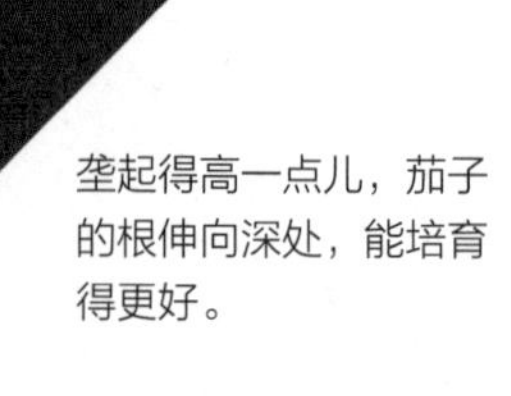

垄起得高一点儿，茄子的根伸向深处，能培育得更好。

垄宽 40 厘米

垄高 20 厘米

最终取得这样的效果

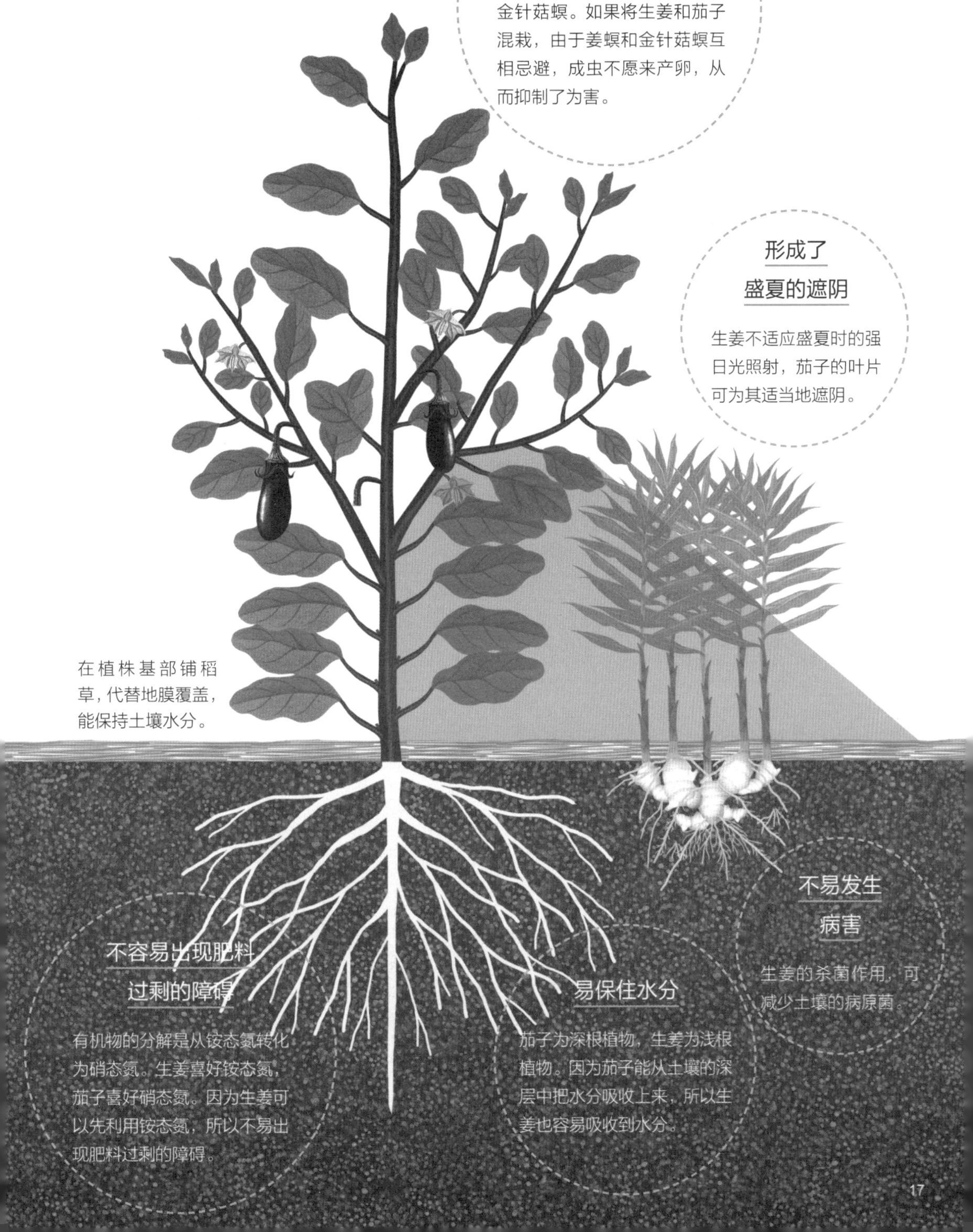

害虫显著减少

在生姜上为害的害虫是姜螟，在茄子上为害的是它的近缘种金针菇螟。如果将生姜和茄子混栽，由于姜螟和金针菇螟互相忌避，成虫不愿来产卵，从而抑制了为害。

形成了盛夏的遮阴

生姜不适应盛夏时的强日光照射，茄子的叶片可为其适当地遮阴。

在植株基部铺稻草，代替地膜覆盖，能保持土壤水分。

不易发生病害

生姜的杀菌作用，可减少土壤的病原菌。

不容易出现肥料过剩的障碍

有机物的分解是从铵态氮转化为硝态氮。生姜喜好铵态氮，茄子喜好硝态氮。因为生姜可以先利用铵态氮，所以不易出现肥料过剩的障碍。

易保住水分

茄子为深根植物，生姜为浅根植物。因为茄子能从土壤的深层中把水分吸收上来，所以生姜也容易吸收到水分。

茄子 X 无蔓菜豆

豆科植物可以使土壤变肥沃，与其混栽的植株基部不易干旱

在豆科无蔓菜豆的根上共生着根瘤菌，能固定空气中的氮。这些氮素也可供无蔓菜豆的生长发育用。一部分老了的根瘤从根上脱落，再加上其排泄物，会使周围的土壤变肥沃。因此，和无蔓菜豆混栽的茄子也会生长发育得更好。

另外，无蔓菜豆植株矮，生长繁茂，能在茄子植株基部遮阴、覆盖地面，从而达到保湿的效果。因为属于不同科，茄子上的蚜虫和叶螨等会对无蔓菜豆产生忌避，无蔓菜豆上的蚜虫和叶螨也会对茄子产生忌避，从而减少了互相为害。

应用：可用花生代替无蔓菜豆（参照第 12 页）；无蔓菜豆和甜椒等混栽也能收到同样的效果。

栽培流程

【品种选择】菜豆要选无蔓的品种。茄子利用嫁接苗会培育得更健壮。

【整地】在定植 3 周前施入发酵好的堆肥和饭菜渣精制肥后耕地、起垄。

【定植、播种】在 4 月下旬 ~5 月下旬栽茄子，同时或者再稍晚一点儿进行无蔓菜豆的播种。

【间苗】在菜豆真叶平均为 1.5 片时进行间苗，每个穴留下 1~2 株即可。

【追肥】为了促进茄子的生长发育，可在垄的表面每株周围施 1 把饭菜渣精制肥，每半个月施 1 次。如果施得太多，无蔓菜豆会徒长，难以坐花坐果。

【采收】依次采收长够个的茄子。无蔓菜豆播种后大约 60 天就可开始采收，到采收结束大约需要 10 天。采收结束后不要拔除棵子，从植株基部割断即可。

【铺稻草】处理无蔓菜豆后，就立即铺上稻草进行保湿。

要点

无蔓菜豆要趁嫩时及时地采收，如果摘晚了，不仅会变硬、口感变差，促进茄子生长发育的效果也会降低。处理无蔓菜豆时，从植株基部割断即可，把割下的茎和叶覆盖在垄上可代替地膜。另外，采收后重新播种，到秋天时又能有收获。

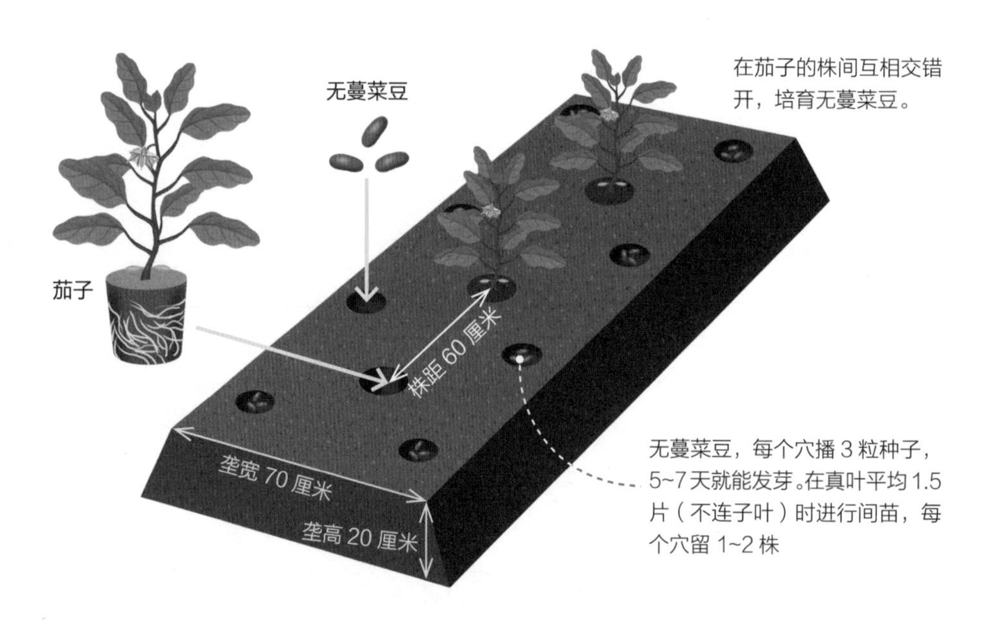

茄子 X 萝卜

利用茄子植株基部的空地播种萝卜，到秋天时便可采收

在迎来盛夏时茄子植株也长高了，根伸展扎到土壤深层中，处于比较耐干旱的状态。此时，在茄子植株基部的空地可栽培萝卜。

在 8 月上旬进行枝的回剪（夏季修剪）时，如果从基部割断，之后立即播上萝卜种，茄子的叶可遮挡夏天的强日光照射，这样一来萝卜容易发芽，从而顺利地生长发育。经过60~80天，萝卜就能收获，正赶上秋刀鱼的美味季节（10 月左右）。

应用：可用甘蓝和大白菜等代替萝卜，及早地定植苗。利用茄子的遮阴也可培育在夏天难以生长发育的绿叶生菜。

栽培流程

【品种选择】虽说对茄子和萝卜的品种选择没有特别要求，但萝卜应选择适合夏播的品种。

【整地】在定植 3 周前施入发酵好的堆肥和饭菜渣精制肥后耕地、起垄。

【定植、播种】在 4 月下旬 ~5 月下旬定植茄子。在夏天对茄子进行回剪之后，接着就可播种萝卜。

【间苗】萝卜要分几次进行间苗，在真叶 6~7 片时只留 1 株进行培育。

【追肥】为促进茄子的生长发育，可在垄的表面每株周围施 1 把饭菜渣精制肥，每半个月施 1 次。

【采收】依次采收长成个的茄子。萝卜，可根据栽培天数进行采收。有的品种在秋天温暖的时候进入采收期，如果放置不管会容易出现裂纹。

要点

要注意抓住萝卜的播种时期。如果 11 月以后要在垄上栽培其他蔬菜，那么在 8 月中旬就要播种萝卜。过了中元节容易降雨，萝卜虽然容易发芽，但收获也会变晚。如果想在冬天收获萝卜，可在 9 月下旬播种。

最终取得这样的效果

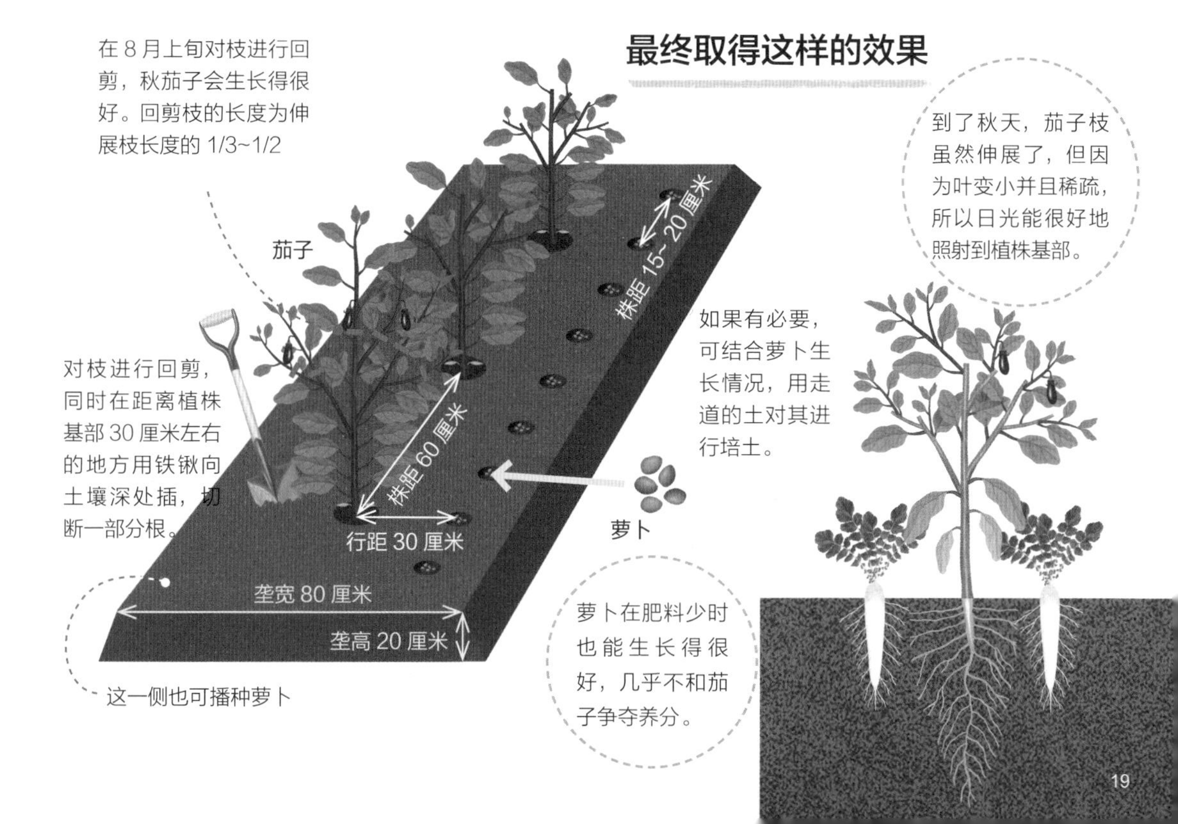

茄子 X 荷兰芹

荷兰芹即使在茄子的遮阴处也能健壮地生长，而且代替了地膜覆盖等措施

在茄子的株间混栽荷兰芹，两者都能很好地生长发育。荷兰芹和同属茄科的番茄混栽时生长很顺利，和茄子混栽则更加投缘。茄子、荷兰芹都是深根类型的蔬菜，不过不知道为什么二者并不互相竞争。

荷兰芹耐受夏天强日光照射的能力弱，在茄子的遮阴处能很好地生长。荷兰芹植株矮，叶呈放射状地扩展覆盖在垄上，可代替地膜覆盖，从而对茄子的根起到保湿作用。另外，荷兰芹属于伞形科，有独特的清香味，混栽后可驱避茄子上的害虫，并且喜欢为害荷兰芹的金凤蝶和蚜虫也减少了。

应用：可用意大利芹代替荷兰芹进行培育；荷兰芹和甜椒等混栽也能取得同样的效果。

栽培流程

【品种选择】对茄子、荷兰芹品种的选择都没有什么特别的要求。茄子，如果利用嫁接苗会培育得更健壮。荷兰芹，可采用购买的苗，也可在 3 月中旬播种育苗。

【整地】在定植 3 周前施入发酵好的堆肥和饭菜渣精制肥后耕地、起垄。

【定植】在 4 月下旬 ~5 月下旬把茄子和荷兰芹同时定植上。

【追肥】为了促进茄子的生长发育，可在垄的表面每株周围施 1 把饭菜渣精制肥，每半个月施 1 次。

【铺稻草】荷兰芹生长繁茂，覆盖在地表可代替地膜覆盖。如果还需要，可在垄的其他地方覆盖上稻草等。

【采收】依次采收长成个的茄子。荷兰芹从长大伸展的外叶开始依次采收。茄子在采收结束后从植株基部剪切，在晚秋以后荷兰芹就能充分地接受日光，从而能一直栽培到上冻之前。

要点

荷兰芹，可随时剥取外面的叶进行采收。但是叶剥取得太频繁，其生长发育就会变差，所以要保持生长的叶在 10 片以上。

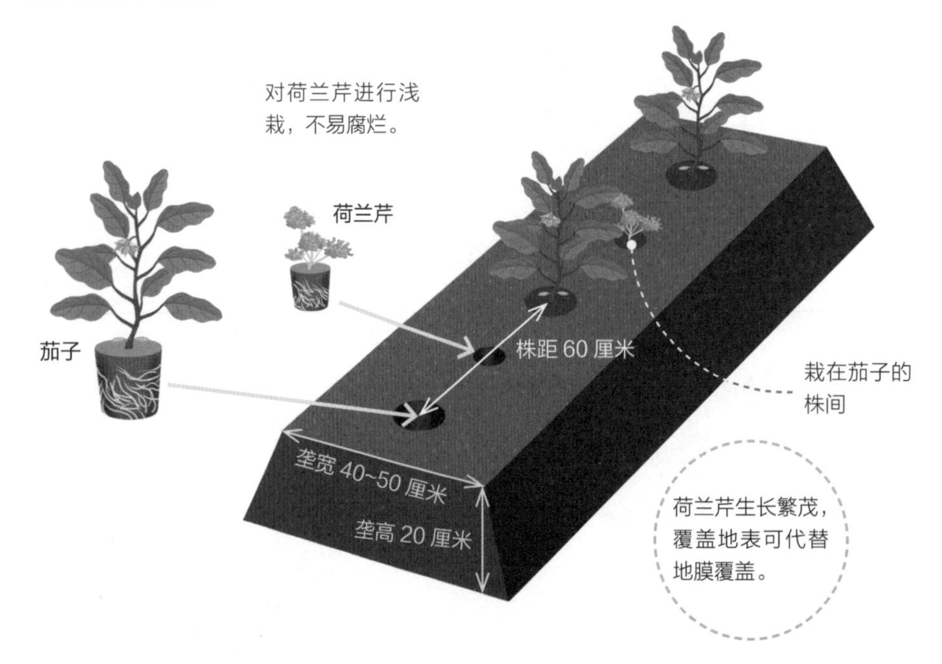

茄子 X 韭菜

韭菜上的拮抗菌分泌出的抗菌物质，可预防茄子的土壤病害

韭菜等葱属植物的根上共生的细菌（拮抗菌）分泌出一种抗菌物质，可减少土壤中的病原菌。这对茄子的土壤病害如枯萎病等的防治是特别有效的。与番茄和韭菜混栽的情况一样，茄子的根也是在土壤中的深处伸展，将同样是深根类型的韭菜栽在茄子的植株附近，使两者的根相接触，能提高抑制病原菌的效果。韭菜是单子叶植物，茄子是双子叶植物，在系统分类上二者相距很远，喜欢利用的养分种类也不一样，所以即使挨着混栽，也不会发生竞争使生长发育变差。

应用： 番茄、甜椒等茄科蔬菜也可广泛地和韭菜混栽（参照第 15、23 页）。

栽培流程

【品种选择】 对茄子品种的选择没有什么特别的要求，只是比起嫁接苗来还是耐病力弱的自根苗与韭菜的混栽效果明显。可购买韭菜苗，也可在上一年的 9 月中旬 ~10 月中旬播种育苗。

【整地】 在定植 3 周前施入发酵好的堆肥和饭菜渣精制肥后耕地、起垄。

【定植】 在 4 月下旬 ~5 月下旬把韭菜和茄子同时定植，并使韭菜和茄子的根坨相接触。

【铺稻草】 茄子不耐干旱，所以为了保湿应铺稻草等。

【追肥】 为了促进茄子的生长发育，可在垄的表面每株周围施 1 把饭菜渣精制肥，每半个月施 1 次。

【采收】 依次采收长够个的茄子。韭菜伸展长高时，在基部留 5 厘米左右进行收割即可。如果放置不割，到秋天时会开花，花茎伸展开了就要及早地收割。如果随时收割韭菜叶，一年中可经常吃到鲜嫩的韭菜。

要点

韭菜会不断分蘖、增加。拔完茄子的棵子后，如果要在垄的上面栽培其他蔬菜，那就把韭菜移栽到别的地方，这样明年还能利用。

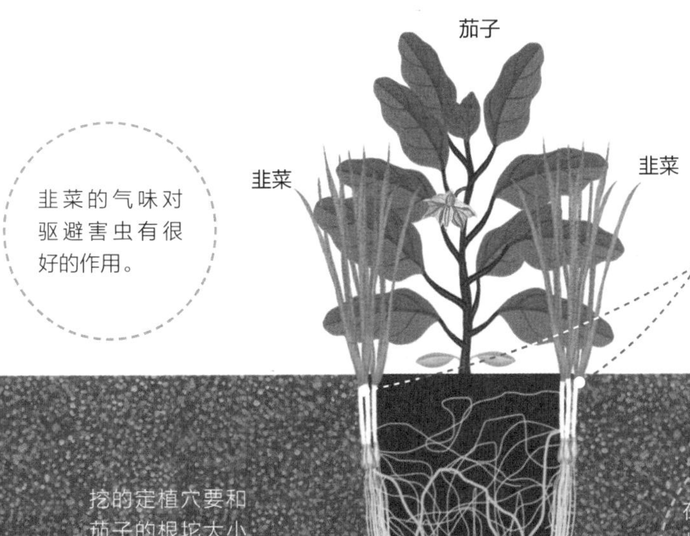

甜椒 X 金莲花

金莲花作为陪植植物，可诱集害虫的天敌

金莲花为 1 年生草本植物，主要作为花坛和盆栽用花而被栽培。在土壤肥沃的场所栽培，不用特别费功夫就能很好地生长发育；5~10 月，除了盛夏时期外，都可长时间地开花。其花和叶稍微有辣味和酸味，还能作为香草和食用花卉而被利用。

利用这些特点，金莲花可作为甜椒的陪植植物混栽到甜椒垄的肩背上，或是栽到走道、垄的周围等地。其气味除可驱避蚜虫，还可诱集附在叶和茎上的叶螨和蓟马的天敌过来并且繁殖，最后的结果是甜椒害虫的危害程度减轻了。

应用： 金莲花除了可与甜椒近缘种的柿子椒、辣椒等混栽之外，和茄子混栽的效果也很好。

栽培流程

【品种选择】 对甜椒和金莲花品种的选择都没有什么特别的要求。金莲花，可从园艺店购买，也可在 3 月中旬 ~4 月下旬播种育苗。

【整地】 在定植 3 周前施入发酵好的堆肥和饭菜渣精制肥后耕地、起垄。

【定植】 在 4 月下旬 ~5 月下旬定植甜椒的同时定植金莲花，可栽在垄肩附近或是走道、垄的周围等处。

【追肥】 对甜椒，在垄的表面每株周围施 1 把饭菜渣精制肥，每半个月施 1 次。若土壤肥沃，金莲花就不需要追肥。

【铺稻草】 因为甜椒的根比较浅，易受干旱和高温伤害，所以要铺上稻草，进行保湿和抑制盛夏时地温升高。

【采收】 依次采收长成个的甜椒。金莲花的花和叶，可根据需要每次少量摘取做凉拌菜等，种子也可加工成西式泡菜等。

要点

金莲花，在采摘顶端的同时，其植株变矮，可代替地膜等覆盖地面。虽然金莲花对盛夏炎热的忍耐能力弱，但是在 7 月下旬时多割一点儿就会好些。在甜椒的遮阴处培育，就能轻松地越夏。

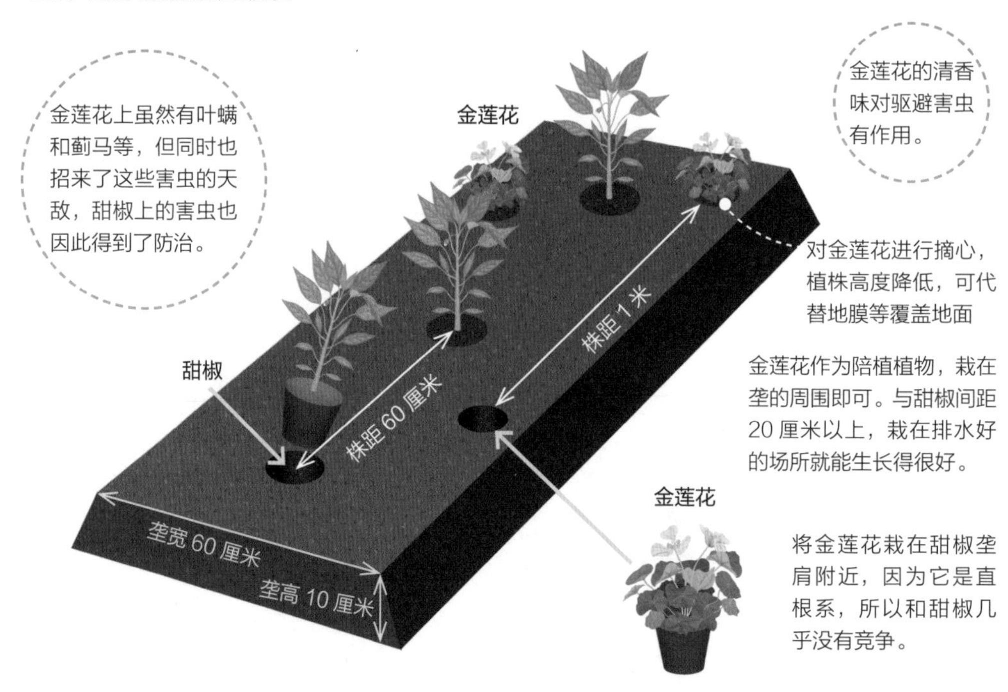

甜椒 X 韭菜

由于韭菜根上附着的微生物作用，可防治甜椒的土壤病害

甜椒上发生的代表性土壤病害之一就是疫病。如果发现茎和叶上有暗褐色的病斑，最大可能就是发生这种病害。若发病严重，茎和叶萎蔫，甚至有的枯死。这种病害是由土壤中的病原菌引起的，茄科植物连作地块容易发生。

与番茄、茄子一样，把韭菜与甜椒混栽时，在韭菜根上共生的细菌（拮抗菌）分泌的抗菌物质，能减少土壤中的病原菌。

与番茄和茄子相比，甜椒的根在浅层扩展，搭配深根类型的韭菜非常合适。定植时，使甜椒和韭菜的根相互接触是关键。

应用： 除与甜椒相近的柿子椒、辣椒之外，番茄、茄子等茄科植物也可以与韭菜混栽。

栽培流程

【品种选择】 甜椒虽然有嫁接苗，但是和韭菜混栽，如果选耐病力弱的自根苗，效果会更明显。可以购买韭菜苗，也可以利用上一年 9 月中旬 ~10 月中旬播种培育的苗。

【整地】 在定植 3 周前施入发酵好的堆肥和饭菜渣精制肥后耕地、起垄。

【定植】 在 4 月下旬 ~5 月下旬把韭菜栽在甜椒的左边和右边，并使韭菜的根与甜椒的根坨接触。

【追肥】 为促进甜椒的生长发育，可在垄的表面每株周围施 1 把饭菜渣精制肥，每半个月施 1 次。单独为韭菜施肥，不用特别考虑。

【铺稻草】 因为甜椒的根比较浅，容易受干旱和高温伤害，所以要铺上稻草，使土壤保湿和抑制夏天地温升高。

【采收】 可依次采收长成个的甜椒。韭菜伸展后，在基部留 5 厘米左右便进行收割即可。如果放置不割，到秋天会开花，花茎伸展开时要及早地收割。如果随时收割韭菜叶，一年中都可吃到鲜嫩的韭菜。

要点

韭菜随着分蘖会增加株数。甜椒在拔棵收拾完后，若要在垄上再栽其他蔬菜，可以把韭菜移栽到别的地方，到明年时还可利用。

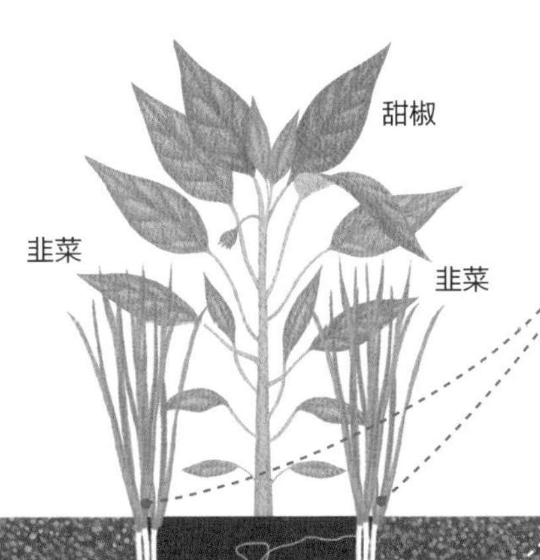

黄瓜 X 山药

有效利用对方不喜欢的肥料养分，双方都能很好地生长发育

把山药栽在黄瓜垄上，其蔓正好爬在黄瓜的支柱或铁网上，从而健壮地生长发育。

原生的有机物在分解时，首先是变成铵态氮，再进一步由于土壤中微生物的作用把铵态氮慢慢地转变成硝态氮。山药喜欢的大部分是铵态氮，如果吸收硝态氮过多，维生素 C 的吸收就减少了。黄瓜不喜欢原生的有机物和铵态氮，而喜欢硝态氮。这样黄瓜和山药正好将对方不喜欢的肥料养分吸收利用，对双方的生长发育都有好处。

栽培流程

【品种选择】对黄瓜品种的选择没有什么特别的要求，用嫁接苗会生长发育得更健壮。山药选长形的品种即可。

【整地】在定植 3 周前施入发酵好的堆肥和饭菜渣精制肥后耕地、起垄。

【定植】在 4 月下旬~5 月下旬把黄瓜和山药同时定植上。

【铺稻草】黄瓜和山药都不耐干旱和高温，定植后要在垄上铺上稻草。

【追肥】为促进黄瓜的生长发育，每 3 周在植株周围施 1 把饭菜渣精制肥，轻轻锄入土壤中。因为黄瓜根在近地表处扩展，所以要注意不能伤到根。结合其生长阶段，可变换场所将肥料施到黄瓜植株基部、垄背、走道等地方。因为山药需要的养分少，所以不需要特别施肥。

【采收】依次采收长成个的黄瓜。如果黄瓜的叶枯了，就可拔掉棵子并处理了。山药可继续培育到 11 月的采收期。

要点

要把山药的蔓引缚到支柱和铁丝网上，这样地下的山药会更加膨大。如果放任山药的蔓横着爬，山药豆长得多，地下的山药则长不大。

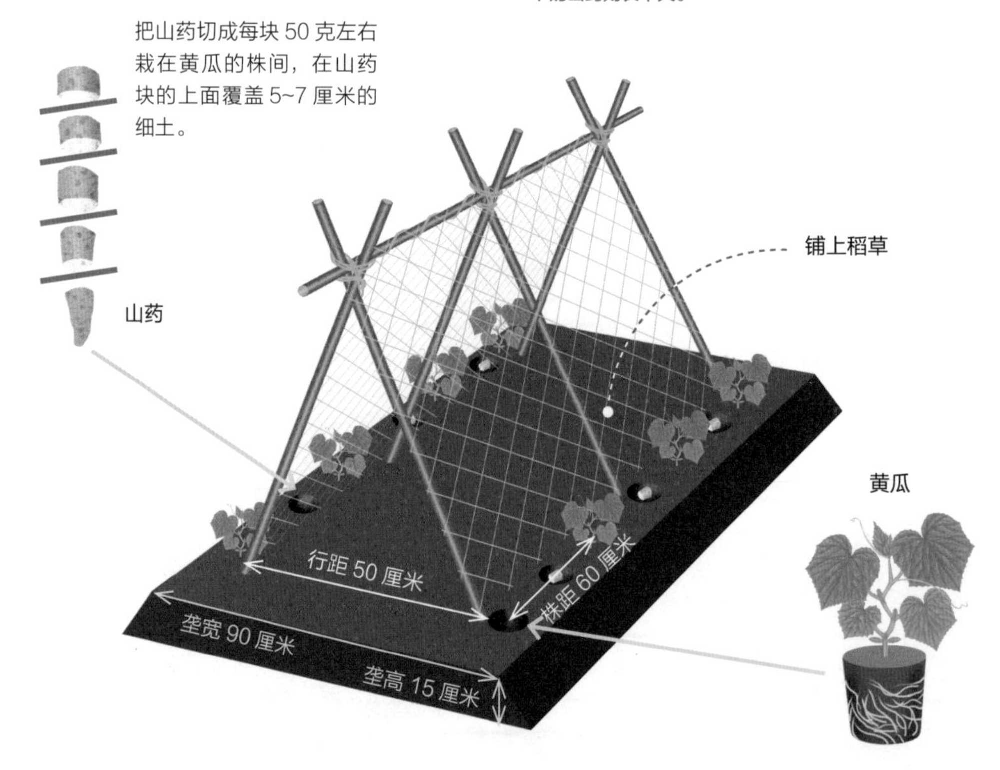

最终取得这样的效果

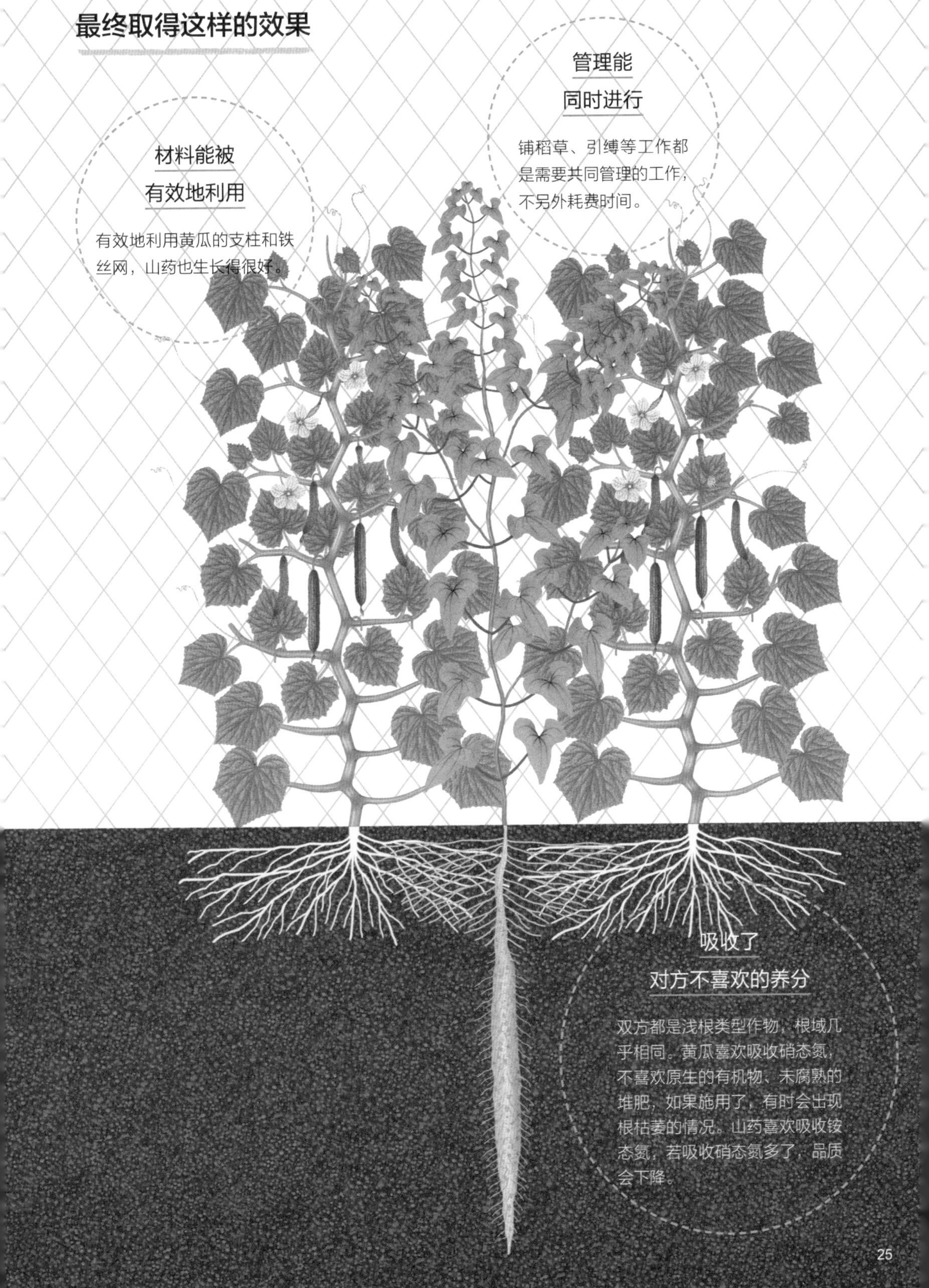

材料能被有效地利用

有效地利用黄瓜的支柱和铁丝网，山药也生长得很好。

管理能同时进行

铺稻草、引缚等工作都是需要共同管理的工作，不另外耗费时间。

吸收了对方不喜欢的养分

双方都是浅根类型作物，根域几乎相同。黄瓜喜欢吸收硝态氮，不喜欢原生的有机物、未腐熟的堆肥，如果施用了，有时会出现根枯萎的情况。山药喜欢吸收铵态氮，若吸收硝态氮多了，品质会下降。

黄瓜 X 大葱

很早以前就知道的经验，用传承农法防止连作障碍

很早以前人们就熟知，在葫芦植株基部混栽大葱，蔓枯病就几乎不发生。经过科学研究发现，在大葱的根上共生的细菌分泌出的抗菌物质，可减少土壤中的病原菌。可以和葱属植物混栽的不仅是葫芦，还有黄瓜等葫芦科及茄科等，都被证实有很好的效果。

因为黄瓜是浅根类型的蔬菜，不适合与深根类型的韭菜，而适合与在同一根域内根扩展的大葱混栽。

应用： 南瓜和甜瓜等，还有浅根类型的葫芦科植物，都可和大葱混栽（参照第 30、34 页）；也可用细叶葱和细香葱来代替大葱。

栽培流程

【品种选择】 对黄瓜、大葱品种的选择都没有什么特别的要求。黄瓜用耐病力弱的自根苗比嫁接苗的防病效果明显。可购买大葱苗，也可用在 3 月上、中旬播种育苗，或者利用在上一年培育的苗。

【整地】 在定植 3 周前施入发酵好的堆肥和饭菜渣精制肥后耕地、起垄。

【定植】 在 4 月下旬~5 月下旬把黄瓜和大葱同时定植上。

【铺稻草】 因为黄瓜的根不耐干旱和高温，定植后要在垄上铺上稻草。

【追肥】 为了促进黄瓜的生长发育，每 3 周在植株周围施 1 把饭菜渣精制肥，轻轻混入土中。因为根在近地表处扩展，所以注意不要伤了根。应结合其生长发育的阶段，变换场所将肥料施到植株基部、垄背、走道等处。

【采收】 依次采收长成个的黄瓜，采收结束后要把大葱重新定植并结合培土进行培育，在晚秋以后采收。

要点

在黄瓜生长发育初期使之不感病是最重要的。栽大葱时要使其根和黄瓜的根坨相接触，可以提高防病效果。

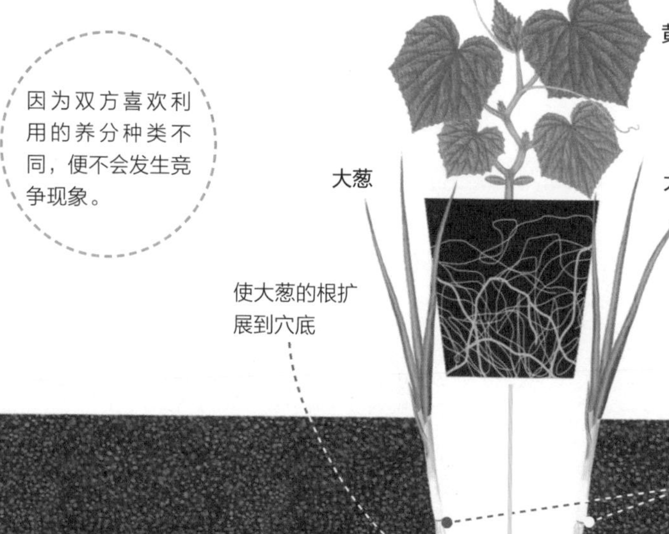

黄瓜 X 麦类

麦类吸引害虫的天敌过来，可防治黄瓜的病虫害

在黄瓜上易发生白粉病。为预防其发生，可在走道和垄上撒上麦种作为“地毯护根”进行培育。

麦类虽然也会发生白粉病，但和黄瓜白粉病的病原不同，不互相侵染。麦类能诱集可寄生在白粉病病菌并将其杀死的“菌寄生菌”，而且进行繁殖，从而使黄瓜白粉病的危害能大幅度地减轻。

另外麦类上的蚜虫和黄瓜上的蚜虫也是不同种。但麦类是蚜虫天敌异色瓢虫、七星瓢虫和寄生蜂的栖息地，可以防治黄瓜上的蚜虫等害虫。

应用：除黄瓜以外，西葫芦、南瓜、西瓜等也可。在种植茄子和甜椒的地块走道上撒上麦种，待其长出后防除害虫的效果也很好。

栽培流程

【品种选择】对黄瓜品种的选择没有什么特别的要求，如果选嫁接苗，会培育得更加健壮。麦类，虽说也可使用燕麦等，但在这个时期播种，还是用不结穗的大麦更好。

【整地】在定植 3 周前施入发酵好的堆肥和饭菜渣精制肥后耕地、起垄。

【定植】5 月中旬栽上黄瓜后，就在垄上和走道上撒上麦种。因为麦种易被鸟吃，所以要用钉齿耙轻轻耙一下，把种子埋入土中。

【追肥】为了促进黄瓜的生长发育，每 3 周在植株周围施 1 把饭菜渣精制肥，轻轻锄入土中。因为黄瓜的根在近地表处扩展，所以要注意不伤着根。应结合其生长发育阶段，变换场所将肥料施到黄瓜的植株基部、垄背、走道等处。

【采收】依次采收长成个的黄瓜。到盛夏时麦类就直接被热死了。

要点

在盛夏时麦类会被晒至干枯，不用处理，让其覆盖地面作为护根材料而用。到栽培下茬时，把秸秆和根锄入土中就变成了绿肥。

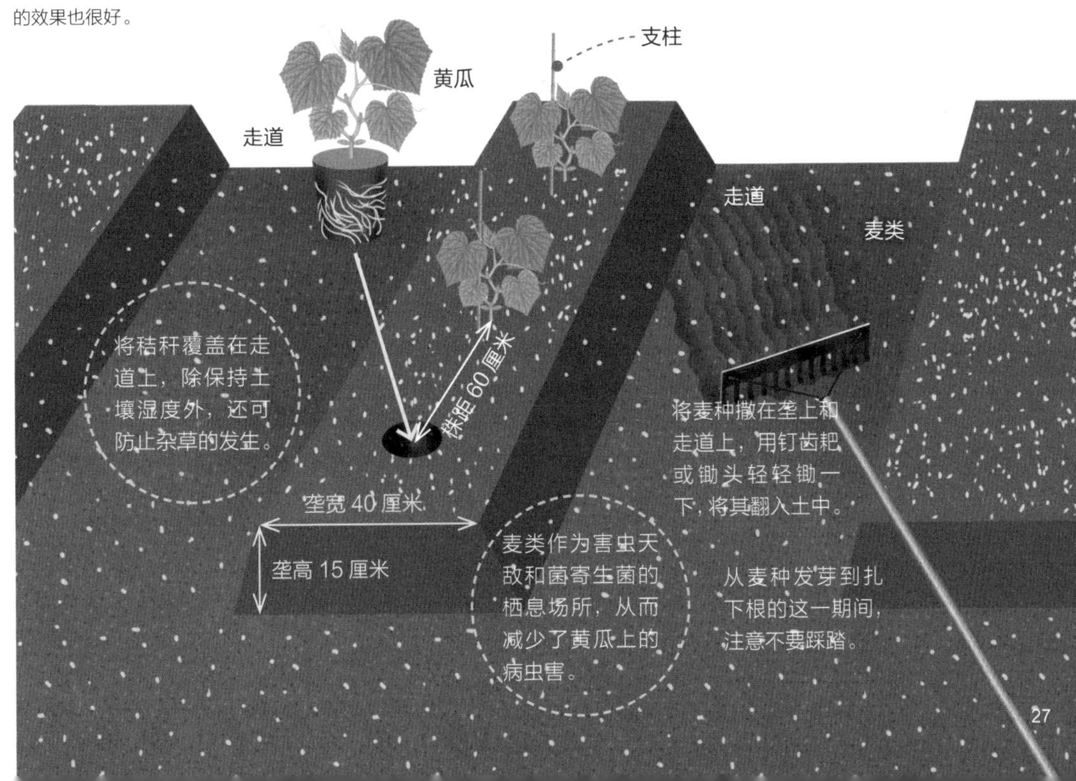

南瓜 X 玉米

横向伸展的蔬菜和纵向伸展的蔬菜混栽，可有效地利用空间

南瓜蔓横向伸展，栽培时需要宽阔的面积。玉米花是风媒花，一般而言株数多了容易授粉。把横向伸展的南瓜和纵向伸展的玉米在同一垄上组合栽培，能有效地利用空间。

玉米耐热和耐干旱的能力强，有喜好日光的习性。南瓜在遮阴的地方也能很好地生长发育，其茎蔓伸展覆盖在玉米植株基部，能保湿和防止杂草生长，起到地膜覆盖的作用。

另外，玉米喜欢吸收铵态氮，南瓜喜欢吸收硝态氮。玉米首先利用铵态氮，能够适当地减少南瓜对从铵态氮分解成的硝态氮的吸收，不会发生南瓜蔓徒长而不坐果的情况。

应用：可用西瓜和葫芦科的瓜类等代替南瓜和玉米等混栽。

栽培流程

【品种选择】对南瓜、玉米品种的选择都没有什么特别的要求。

【苗的准备】从播种到育成苗都需要 3~4 周的时间。把玉米种播在塑料钵内，每个钵播 3 粒，2~3 片叶时进行间苗，留下 1 株培育到 4 片叶。每个塑料钵内播 1 粒南瓜种子，到真叶 4~5 片时移栽。

【整地】在定植 3 周前施入发酵好的堆肥和饭菜渣精制肥后耕地、起垄。

【定植】在 5 月把玉米和南瓜的苗同时定植上。

【摘心】待南瓜有 2 根子蔓伸展时，对主蔓的顶端进行摘心。

【追肥】土壤不肥沃时可进行 1~2 次追肥。在玉米的周围施 1 把饭菜渣精制肥，轻轻锄入土中。南瓜不需要追肥。

【采收】玉米（甜玉米）定植后 60 天左右就要采收。南瓜雌花开花后 50 天左右就可采收。

要点

在温暖天气南瓜容易培育，但是玉米如果定植晚了，容易发生虫害。早一点儿栽时，可在南瓜周围用塑料薄膜围成灯笼状，防御早晚的寒冷和强风。

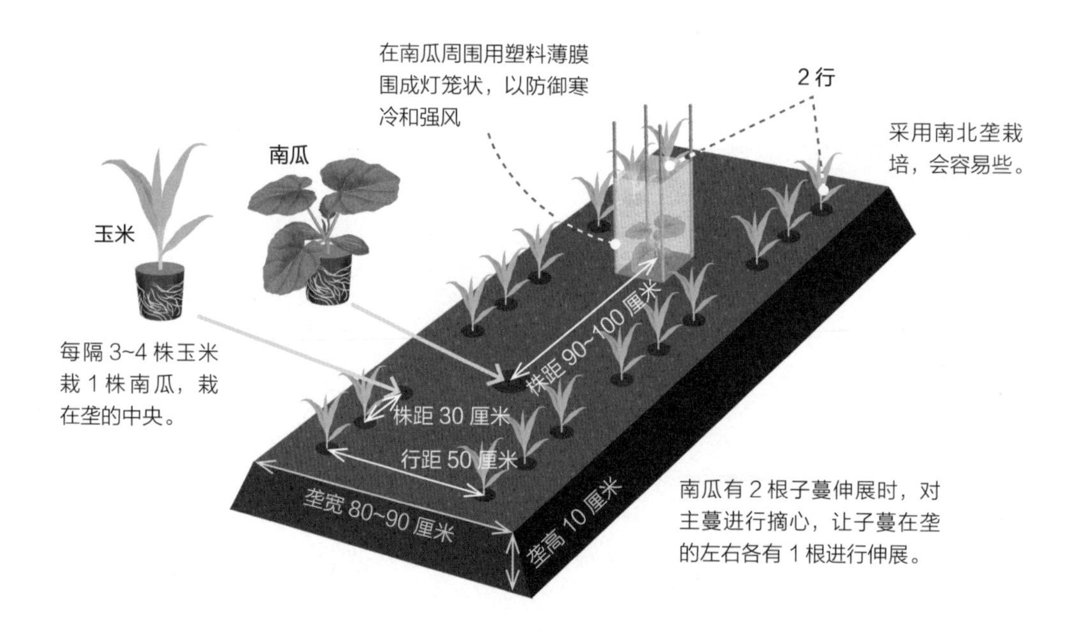

最终取得这样的效果

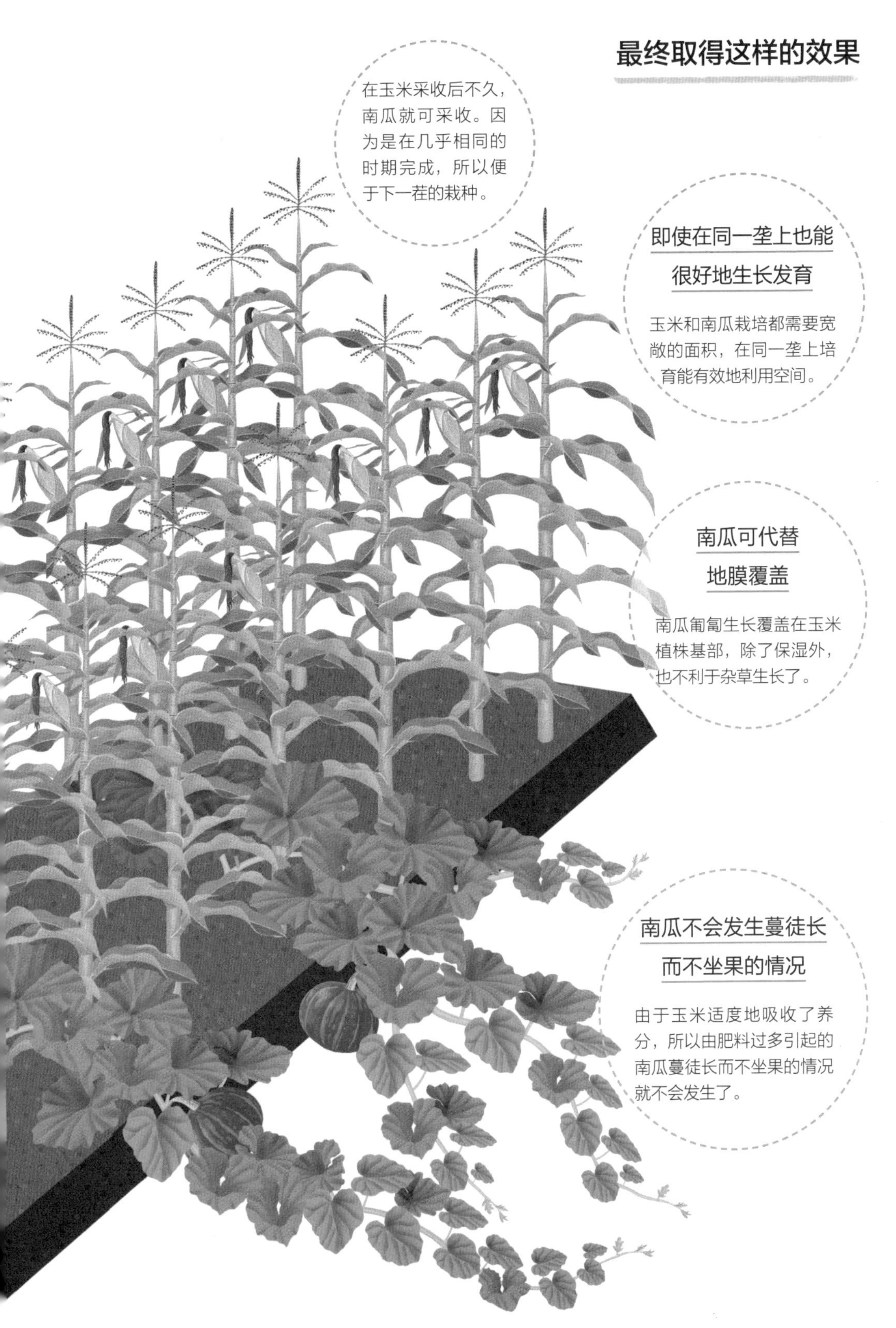
在玉米采收后不久，南瓜就可采收。因为是在几乎相同的时期完成，所以便于下一茬的栽种。
即使在同一垄上也能很好地生长发育
玉米和南瓜栽培都需要宽敞的面积，在同一垄上培育能有效地利用空间。
南瓜可代替地膜覆盖
南瓜匍匐生长覆盖在玉米植株基部，除了保湿外，也不利于杂草生长了。
南瓜不会发生蔓徒长而不坐果的情况
由于玉米适度地吸收了养分，所以由肥料过多引起的南瓜蔓徒长而不坐果的情况就不会发生了。

南瓜 X 大葱

预防土壤病害的发生，能采收到品质好的果实

虽然南瓜是耐病力强的蔬菜，但有的也时常发生疫病和立枯病等土壤病害。一旦感染这些病害，有的在植株生长过程中就枯死了，有的是果实在后熟的过程中腐烂而不能食用。

和黄瓜一样，在定植南瓜苗时就混栽大葱，由于大葱上共生的细菌分泌出抗菌物质，可减少土壤中的病原菌，从而抑制病害的发生。另外，因为混栽时过多的肥料先被大葱吸收，南瓜蔓徒长不坐果的情况就不易发生，坐果情况会变得更好。

应用： 黄瓜、西瓜、甜瓜等也能和大葱混栽（参照第 26、32、34 页）。

栽培流程

【品种选择】 对南瓜、大葱品种的选择都没有什么特别的要求。大葱，可购买苗，也可在 3 月上、中旬播种育苗，还可利用上一年培育的苗。

【整地】 在定植 3 周前施入发酵好的堆肥和饭菜渣精制肥后耕地、起垄。

【定植】 在 5 月同时定植南瓜和大葱。在南瓜的周围用塑料薄膜制作灯笼式围栏，可保护南瓜免受寒冷和强风的侵袭，更好地生长发育。

【摘心】 待南瓜有 2~3 根子蔓伸展开时，对主蔓的顶端进行摘心。

【追肥】 不需要追肥。

【采收】 南瓜在雌花开花后 50 天左右就可采收。

要点

如果想在晚秋收获“冬至南瓜”，可于 7 月下旬在预先栽上的大葱旁边直接播上南瓜种。

双方喜欢利用的养分种类不同，不会发生竞争现象。大葱可适度地吸收养分，因此，南瓜也不会出现蔓徒长而不坐果的现象。

南瓜

大葱

大葱

铺稻草要铺得薄一些，如果铺得厚了，根会在近地表处扩展，反而对过干、过湿环境的适应能力变弱。

把大葱栽在南瓜的左右，使大葱和南瓜的根坨相接触

把大葱的根在穴底扩展开

南瓜 X 大麦

南瓜卷须缠在大麦上，植株能很好地生长发育

要想使南瓜的果实长得充实，从有雌花的节（坐果节）到顶端有 10 片叶以上是理想的。如果有 15 片叶以上，1 根蔓上可培育 2 个果。

要想多留叶，使果实长得充实，就要在蔓伸展前依次铺上稻草以保湿，使根容易伸展。和大麦一起培育，就不用做铺稻草这件麻烦事了。

在春天到初夏时撒上大麦种子，植株长得不高，叶呈放射状地展开，从而覆盖着地表。这样不仅能使土壤保湿，还抑制了杂草生长，南瓜的根也能很好地扩展。另外，南瓜的卷须缠到大麦的叶上，植株比较稳固，蔓能很好地伸展，叶片数也会增加，最终可采收到美味可口的果实。

应用：可将西瓜和在地面匍匐生长的黄瓜等和大麦混栽，也可用燕麦、白苜蓿代替大麦，不过夏天时燕麦的植株容易长高，所以需要随时踩踏使之匍匐生长。利用马唐等自然生长的杂草是“草生栽培”的方法之一。

栽培流程

【品种选择】对南瓜品种的选择没有什么特别的要求。地毯式生长的大麦品种，市面上就有出售。

【整地】在定植 3 周前施入发酵好的堆肥和饭菜渣精制肥后耕地、起垄。

【定植、播种】若在 5 月定植，可在植株周围用塑料薄膜制作灯笼式围栏以保护南瓜苗。在垄上和走道等处撒播大麦种子，然后用钉齿耙等把土壤表面整平，使浅土盖住种子。

【摘心】待南瓜有 2~3 根子蔓伸展时，就可对主蔓的顶端进行摘心。

【追肥】不需要追肥。

【采收】南瓜在雌花开花后 50 天左右就可收获。大麦到盛夏时因为炎热就直接枯死了。

要点

如果培育的是“冬至南瓜”，在盛夏时枯死的大麦茎叶就成了南瓜的护根材料。收获南瓜后，枯死的大麦可作为绿肥锄入土中。

大麦虽然会发生白粉病，但同时吃白粉病病原菌的“菌寄生菌”也得以繁殖，可消灭南瓜的白粉病病原菌。

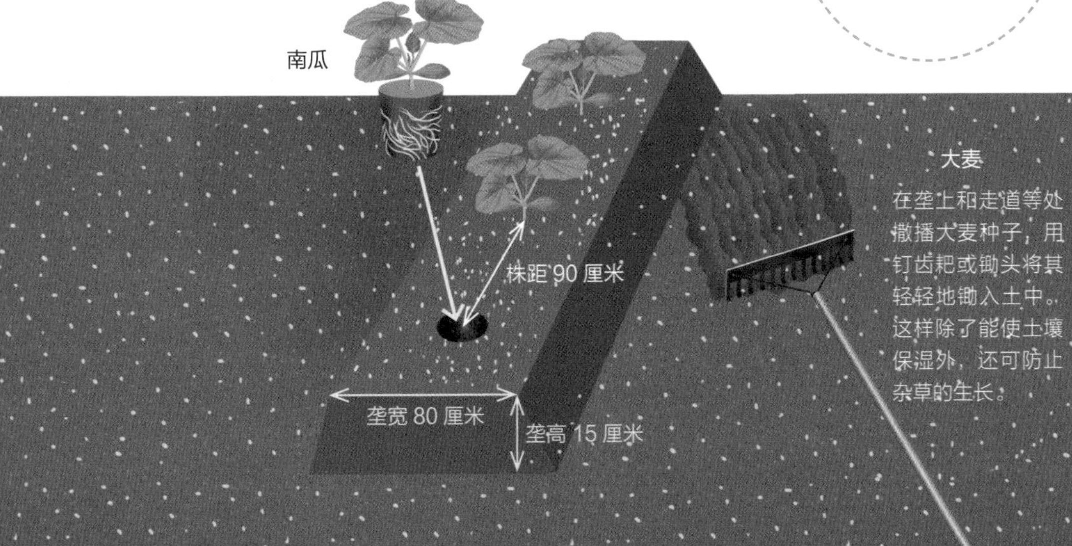

西瓜 X 大葱

在大葱根上附着的拮抗菌可减少有害病原菌，预防病害能力强

西瓜和其他葫芦科植物一样，经常发生蔓枯病。蔓不能正常地输送水分和养分，叶就会萎蔫，严重的就枯死了。因为病原菌长期地残留在土壤中，所以防治对策就是要减少土壤中的病原菌。

定植西瓜时一同栽入大葱，由于大葱根上共生的细菌分泌出的抗菌物质可杀死有害病原菌，西瓜就不易感病了。西瓜的主根向深处扎，侧根不多。病原菌又多分布在近地表的浅层处，而大葱是浅根类型的蔬菜，所以能充分地预防病害。

应用：黄瓜、南瓜、甜瓜等瓜类蔬菜也可和大葱混栽（参照第 26、30、34 页）。

栽培流程

【品种选择】对西瓜、大葱品种的选择都没有什么特别的要求。大葱可用买的苗，也可在 3 月上、中旬播种育苗，还可用上一年培育的苗。

【整地】在定植 3 周前施入完熟的堆肥和饭菜渣精制肥，然后耕地，制成马鞍状的垄。

【定植】在 5 月中、下旬同时定植西瓜和大葱苗，在西瓜的周围用塑料薄膜制作灯笼状的围栏，以防御早上、晚上的寒冷和强风的侵袭，保证西瓜很好地生长发育。

【铺稻草】在垄上全面地铺上稻草。注意不要铺得太厚，以能看到下面的土为宜。

【摘心】在西瓜主蔓有 5~6 节时把顶端摘掉（摘心），留 3 根子蔓。如果想要大果，就让其中的 2 根子蔓坐果，另一根作为“空闲”子蔓，使植株吸收水分的能力增强。

【追肥】当果实长到拳头大时，在植株基部施 1 把饭菜渣精制肥。

【采收】西瓜品种虽有不同，但各品种从开花到采收的天数是一定的。因此，可根据授粉后的天数确定何时采收；或者敲一下瓜，若出现“砰砰”的声音，即可采收。

要点

在西瓜生长发育初期不使其感染病害是很重要的。定植时要使大葱的根和西瓜的根坨相接触，可提高预防效果。

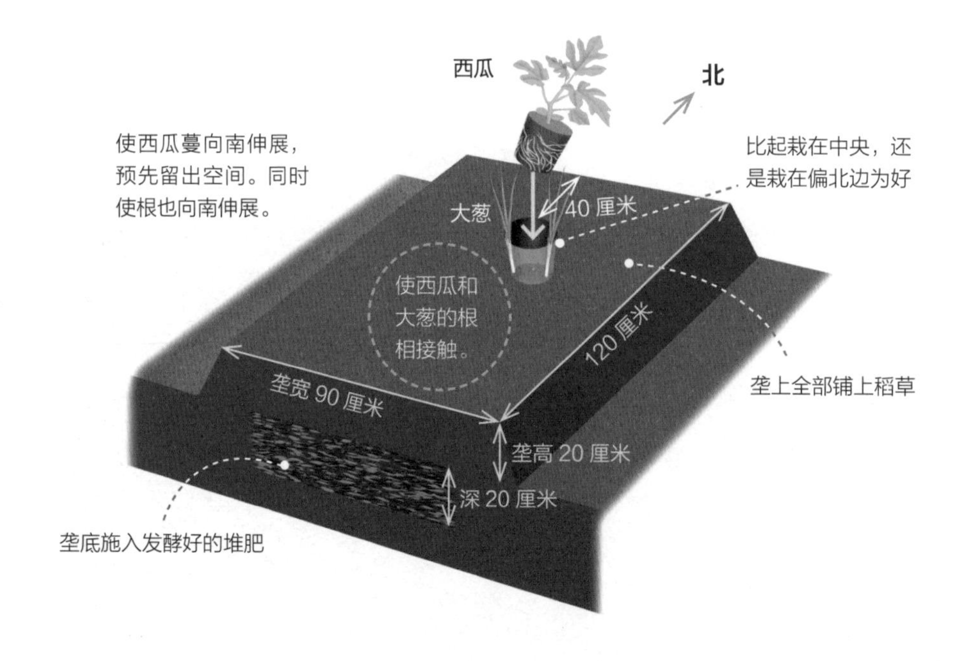

西瓜 X 马齿苋

陪植深根类型的杂草，有助于西瓜根发挥功能

西瓜的原产地是非洲的干旱沙漠地带。因为气候干旱，所以它的根一直向深处扎，通过叶的蒸腾作用，就像强有力的水泵一样从地下深处向上吸拉水分。

马齿苋是旱田中生长的有代表性的夏天杂草，不用拔除，任其生长即可。马齿苋和西瓜一样都是直根系。从地下深层吸收水分，同时可使土中的空气和水的流动性也变好，有助于西瓜根功能的发挥。最终结果是，西瓜植株生长旺盛，蔓伸长、叶增多，光合作用顺利进行，可获得又甜又爽口的果实。

应用：小白菜、小油菜等栽培时也能和马齿苋混栽。

栽培流程

【品种选择】对西瓜品种的选择没有什么特别的要求。如果马齿苋没有自然生长，可对路边、地头等地方的马齿苋采种后撒上即可，近缘园艺种马齿苋树的种子也可利用。

【整地】在定植 3 周前施入发酵好的堆肥和饭菜渣精制肥后耕地，然后制成马鞍状的垄（参照第 32 页的图片）。

【定植】在 5 月中、下旬定植西瓜。

【摘心】待西瓜主蔓伸展到 5~6 节时掐掉顶端（摘心），留 3 根子蔓伸展。如果想培育大果，就让其中的 2 根子蔓坐果，剩余的 1 根作为“空闲蔓”，使根吸收水分的能力增强。

【追肥】果实长到拳头大时，在植株基部施 1 把饭菜渣精制肥。

【采收】参照第 32 页。马齿苋可用于制作凉拌菜和杂合菜，也可晒干后保存起来再用。

要点

马齿苋发生少的时候，最好铺上稻草。铺稻草时，可铺得薄一点儿，达到能看到地面的程度就行，应尽可能地促使马齿苋的发生。

最终取得这样的效果

西瓜、大葱、马齿苋可一起定植

西瓜

叶生长繁茂，西瓜变甜

西瓜植株的根越向深处扎，地上部的蔓伸展得越好。叶片繁茂时，光合作用强，果实就甜。

有助于西瓜吸收水分

马齿苋也是直根系。在近地表面干旱的时候可以从地下深处吸收水分到上层，西瓜吸收水分就容易了，可获得汁多而味甜的果实。

马齿苋

可代替地膜覆盖

马齿苋耐炎热和干旱的能力强，能覆盖着地表面而扩展，所以可代替地膜覆盖。

西瓜的根向地中深处伸展

随着马齿苋的根在土壤中伸展，土壤中的空气会更通畅，西瓜的根也变得发达，雨多的时候排水性也好了。

大葱

甜瓜 X 大葱

在大葱根上附着的拮抗菌，可防治蔓枯病等病害

甜瓜和黄瓜等葫芦科的果菜一样容易发生蔓枯病。市面上有抗病力强的嫁接苗，但是在家庭中多是用种子培育的自根苗，若是和大葱混栽，也同样能够防止这类病害的发生。由于在大葱根上共生的细菌分泌出的抗菌物质，可减少蔓枯病等病的病原菌。这是在生产当中被广泛应用的提高防病效果的一种方法。

应用：可用黄瓜、南瓜等瓜类，还有其他浅根类型的葫芦科的果菜等和大葱混栽（参照第 26、30、32 页）。也可用香葱代替大葱。

栽培流程

【品种选择】对甜瓜、大葱品种的选择都没有什么特别的要求。大葱可用买的苗，也可在 3 月上、中旬播种育苗，还可用上一年培育的大苗。

【整地】在定植 3 周前施入发酵好的堆肥和饭菜渣精制肥后耕地，制成垄。

【定植】5 月中、下旬把甜瓜和大葱同时定植上。

【铺稻草】因为甜瓜的根不耐干旱和高温，定植后要在垄上铺上稻草。

【摘心】待甜瓜主蔓伸展到 5~6 节时掐掉其顶端（摘心），留 2 根子蔓伸展。

【追肥】为了促进甜瓜的生长发育，每 3 周在植株周围施 1 把饭菜渣精制肥，并轻锄使其混入土中。随着蔓的伸展，甜瓜根也在近地表的浅层中扩展，应离开植株基部将肥施入蔓顶端附近的土壤中，注意不要伤到根。大葱不需要再另外施肥。

【采收】甜瓜因品种不同，收获期有差异，不过若瓜表面有了条纹、有了很强的独特香味时就可采收了。大葱在甜瓜采收以后再重新栽一下，进行培土、精心培育，到晚秋以后就可采收。

要点

在甜瓜生长发育的初期不使其感染病害是很关键的。定植时要使大葱的根和甜瓜的根坨相接触，从而提高防病效果。

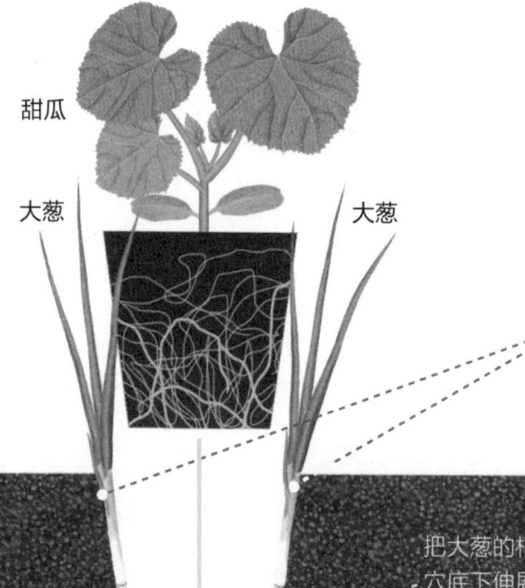

因为双方喜欢利用的养分种类不同，所以不会引起竞争。

因为甜瓜的根在近地表处扩展，耐干旱能力弱，所以要铺上稻草进行保湿。这样还有防止泥土飞溅的效果。

把大葱栽在甜瓜的左右，并使其根和甜瓜的根坨相接触。若用香葱，因为香葱的棵小，可几棵合并在一起定植

甜瓜 X 看麦娘

促进生长发育

预防病害

驱避害虫

看麦娘可代替地膜等覆盖地面进行保湿，还可使益虫和菌寄生菌得到繁殖

看麦娘是在秋天到第 2 年春天的田地里常见的禾本科杂草。一到春天，它就快速地长大，5~6 月时结穗，盛夏时因炎热而枯死。甜瓜苗在 5 月上旬定植，在垄上和走道上如果有看麦娘，不要拔除，而是留着利用，待其花穗刚开始伸展时，把植株留下 10 厘米左右进行切割，看麦娘不开花也就不会老化了，一直到秋天也不枯死，其叶会呈放射状地伸展并覆盖地面。

甜瓜的蔓缠在看麦娘的叶上进行生长，可保持土壤湿度，防止泥土飞溅，还能抑制杂草的发生，很好地生长发育。另外，看麦娘还可为益虫和寄生白粉病病原菌的菌寄生菌提供生存繁殖的场所，从而抑制甜瓜病虫害。

应用：南瓜等瓜类都可和看麦娘混栽。

栽培流程

【品种选择】对甜瓜品种的选择没有什么特别的要求。

【整地】若在晚秋打好垄，看麦娘就容易生长。在定植 3 周前施入发酵好的堆肥和饭菜渣精制肥充分混合后整地。

【收割】为了使看麦娘不结花穗，在植株长到 10 厘米左右时就切割，可使其保持较矮的株型。

【定植】5 月定植甜瓜。

【追肥】参照第 34 页。

【采收】甜瓜因品种不同，收获期有差异，不过若瓜表面有了条纹、有了很强的独特香味时就可采收了。看麦娘在秋天过后就直接枯死了。

要点

在水田排水之后的田地里看麦娘会较多地生长。如果没有，可在栽甜瓜时播草坪草的种子进行培育。

最终取得这样的效果

看麦娘

10 厘米

花穗伸展时，把植株留下 10 厘米左右进行切割。

预防病虫害的发生

为益虫和菌寄生菌提供生存场所，从而抑制甜瓜病虫害。

蔓缠绕在看麦娘上很稳定，生长发育更好

甜瓜的蔓缠到看麦娘的茎叶上，能很好地伸展。最终结果是，甜瓜叶片数增多，光合作用变强，能获得又大又甜的甜瓜。

代替地膜等覆盖

割掉看麦娘的花穗，其叶会呈放射状地扩展，覆盖在地表面。

甜瓜

株距 70 厘米

垄宽 60 厘米

垄高 10~20 厘米

专栏 1

草生栽培建议

任其生长即可的杂草

在蔬菜栽培中，一般都认为杂草是应该除掉的，但是有的杂草可使蔬菜的生长发育变好，还可减轻连作障碍和预防病虫害等。下面就介绍一些可留下使之生长即可的杂草。

在伴生栽培中活用的杂草

日本江户时代的农书上有“上农发现草后立即拔除，中农看见草后割掉，下农看到草后不管”这样的记载，认为田地中除作物以外没有 1 株杂草是最理想的，原因是杂草抢夺了蔬菜从土中吸收的必要养分，或者是繁茂的杂草为害虫提供了栖息场所。

但是，蔬菜在很早以前也是野草，在原产地时和别的植物共存生长。因此，把杂草作为一种陪植植物来考虑，发挥其在促进蔬菜生长发育方面的作用，也是可能的。

例如，甘蓝连作几年的地块，繁缕、马兰等杂草就会增多并覆盖地表，从而使甘蓝处于稳定的生长发育环境中。南瓜从蔓上伸展的卷须缠绕到马唐等夏天的杂草上能把蔓固定，从而很好地生长。西瓜地里生长的杂草马齿苋，如果不拔除而是留下，马齿苋的根会向深处扎，把土壤深层的水分吸收上来，培育出的西瓜就汁多又味甜。

在减轻连作障碍和预防病虫害方面起作用

豌豆如果连作，从根上分泌出的生育阻碍物质会在土壤中积累，导致生长发育变得很差（天然重茬减收现象）。若不除草，若在使草适度生长的同时进行“草生栽培”，连作障碍现象就不会发生了。

另外，杂草和蔬菜共同的害虫较少。杂草上的害虫诱集其天敌来生存繁殖，从而抑制蔬菜上的害虫。

此外，杂草有时还起到预防病害的作用。白粉病病原菌因侵染植物的不同其种类也不一样，杂草上的白粉病病原菌不侵染蔬菜。相反地，由于留下杂草，使寄生在杂草白粉病病原菌并将其杀死的重寄生菌“白粉寄生菌”得到繁殖，从而可抑制番茄、南瓜、甜瓜、西葫芦等蔬菜白粉病的发生。

草生栽培的案例

甘蓝 × 繁缕

繁缕覆盖在甘蓝周围的地面上，起到保温、保湿的作用。这是由于甘蓝的多年连作形成的一种“很投缘”的状态。

小油菜 × 白藜

因为白藜属藜科，与十字花科的小油菜不同科，可驱避小油菜的害虫。

番茄 × 艾蒿

番茄旁边的走道上群生着艾蒿，艾蒿可作为繁殖蚜虫、叶螨、蓟马等害虫天敌的陪植植物。

白苜蓿

别名白花三叶草，以匍匐茎伸展，覆盖地表面。因为是豆科植物，所以能使土壤渐渐地变肥沃。易发生白粉病，从而为其菌寄生菌提供场所，可防治葫芦科等植物的白粉病。

荠菜

属十字花科，春天的七草之一，别名喷喷草。虽然有在荒地生长的现象，实际上在弱酸性的比较肥沃的田地里生长得很繁茂。由于根圈微生物的作用，可促进土壤中有机物的分解。

看麦娘

在春天的旱田和水田里常见，是喜欢酸性土壤的禾本科杂草。种在甜瓜的周围，可使甜瓜的蔓缠绕其上进行培育。

藜、白藜

和菠菜等都同属藜科，以前也被食用过。春天到秋天常见。因为是深根类型且群生，所以可被用作覆盖地面的植物。照片中的是藜。

繁缕

属石竹科，是在肥沃的田地中常见的一种杂草，春天的七草之一，在弱酸性的土壤中能很好地生长，可以覆盖地表面。和甘蓝、嫩茎花椰菜等十字花科蔬菜搭配会很投缘。

艾蒿

属菊科，以地下茎扩展群生，可抑制别的杂草发生。有独特的香味和苦味，可作为草饼的材料和拌青菜等食用。除可驱避害虫外，可在其上繁殖蚜虫、叶螨、蓟马等害虫的天敌。

宝盖草

属唇形科，从秋天到第 2 年春天和繁缕同时生长的情况常见。过了立春植株长出分枝，会开出可爱的花，和甘蓝等越冬蔬菜一起的草生栽培被广泛应用。

马齿苋

属苋科，在有些地区作为菜食用。多肉质的叶扩展，覆盖地表，除能保湿外，根向深处伸展可使土壤中空气和水分的流通变通畅。近缘种有大花马齿苋，可专门培育作为观赏用。

酢浆草

属酢浆草科，以匍匐茎进行生长发育，开花后结果，种子能在空中散到很远并进行繁殖。叶螨的天敌在其上繁殖。在日本苦瓜的草生栽培中，铜锤草、山原繁缕被广泛应用。

车前

属车前科，在道路旁边或荒地里常见到，即使被踩踏了也能茁壮地生长。易发生白粉病，但在其上可繁殖菌寄生菌，如果在葡萄架下培育，可抑制葡萄白粉病的发生。

玉米 X 有蔓菜豆

促进生长发育

有效利用空间

驱避害虫

有蔓菜豆的蔓缠绕在玉米茎上能很好地生长发育，还可驱避害虫

玉米和有蔓菜豆的混栽，是很早以前美国的土著民们就实行的栽培技术。在日本以西日本的山间部为中心，从古代就开始采取玉米（硬粒种）和有蔓菜豆或黎豆的混栽。

这样混栽最大的优点就是能够有效利用田地。在栽培的玉米株间再播上菜豆种子，菜豆发芽后，其蔓缠绕在玉米的茎上而伸展。豆科的菜豆根上共生着根瘤菌，可把空气中的氮固定变成肥料养分，使土壤变肥沃，玉米能很好地吸收肥料，从而促进生长发育。

另外，在玉米上为害的玉米螟，和在菜豆上为害的豇豆荚螟是近缘种，在混栽时双方的为害都能得到抑制。

应用：可用黎豆、秋天收获的豌豆等代替有蔓菜豆。

栽培流程

【品种选择】玉米一般是选甜玉米的品种。有蔓菜豆可选圆荚、平荚等，哪一种都行。用各地传承下来的地方品种也很好。

【苗的准备】在 1 个塑料钵内播 3 粒玉米种，当长到 2~3 片真叶时进行间苗，留下 1 株，培养到 4 片叶。到定植时需要 3~4 周。

【整地】在定植 3 周前施发酵好的堆肥和饭菜渣精制肥后耕地，然后起垄。

【定植、播种】定植适期为 4 月中旬 ~5 月中旬。在栽完玉米苗之后或隔上几天，在玉米株间每个穴播 3 粒有蔓菜豆的种子。即使是用 7 月下旬 ~8 月上旬播种培育的玉米苗，也同样可以混栽有蔓菜豆。

【追肥】一般不需要。如果肥料施得过多，有蔓菜豆过于繁茂，就不结荚了。

【培土】如果从玉米植株基部出来次生根，则进行培土。

【采收】玉米定植后 60~70 天可收获。有蔓菜豆也几乎在相同的时期开始采收，如果用心在菜豆嫩时采摘，能采摘很长时间。

要点

如果有蔓菜豆播种早，或肥料施得过多，会影响玉米的光合作用。在定植玉米后 1~2 周再播菜豆种即可。

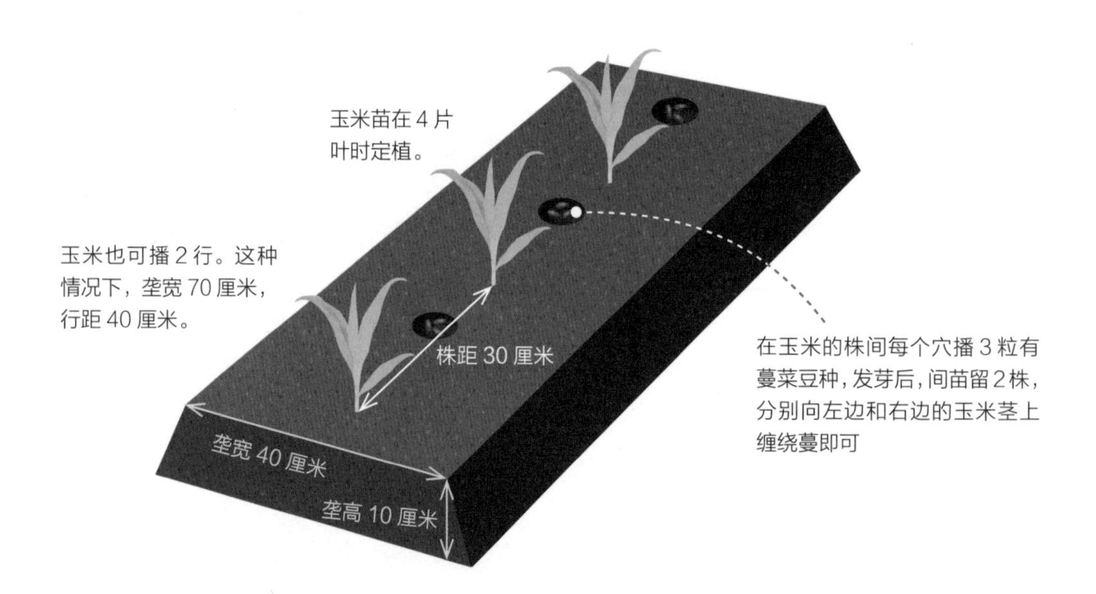

最终取得这样的效果

害虫的为害少了

喜欢玉米的玉米螟和喜欢菜豆的豇豆荚螟因为互相忌避，所以害虫的为害少了。

玉米的茎可代替支柱

有蔓菜豆的蔓缠绕在玉米茎上继续伸展。在玉米收获后，有蔓菜豆到秋天就可收获。

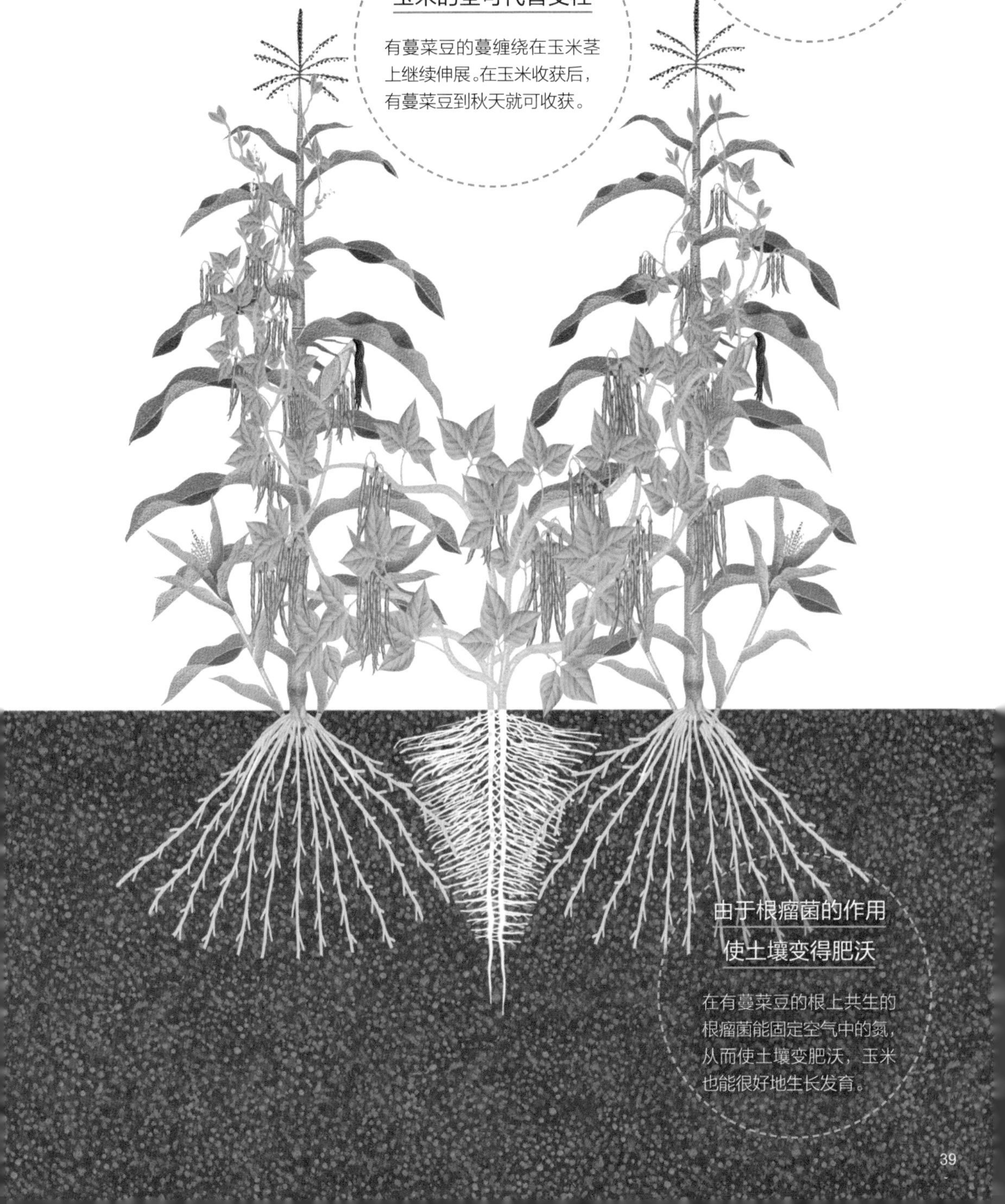

由于根瘤菌的作用使土壤变得肥沃

在有蔓菜豆的根上共生的根瘤菌能固定空气中的氮，从而使土壤变肥沃，玉米也能很好地生长发育。

玉米 X 红小豆

不需要追肥，玉米的生长发育就很好

和有蔓菜豆一样，在红小豆的根上也共生着根瘤菌，能固定空气中的氮，使土壤变肥沃，从而使玉米的生长发育很好。如果不是贫瘠土壤，玉米就不需要再追肥了。

在寒冷地区，一般是在 4 月下旬 ~5 月下旬春播“夏红小豆”的品种；在温暖地区，主要是在 7 月上、中旬培育夏播的“秋红小豆”的品种。作为玉米的间作植物，可在春天时培育极早熟的豌豆，在秋天时培育红小豆。红小豆的栽培方法和豌豆一样，采用间作的方式。

玉米螟喜欢为害玉米，豇豆荚螟喜欢为害红小豆，因为双方互相忌避，从而减少了为害。

应用：可用青豆代替红小豆（参照第 42 页）。

栽培流程

【品种选择】如果是甜玉米系，对其品种就没有特别的要求。红小豆如果是早熟品种，就用春播（夏红小豆）；若为晚熟品种，就用夏播（秋红小豆）；不适合有蔓的品种。

【苗的准备】将玉米种在塑料钵内，每钵播 3 粒，到 2~3 片真叶时进行间苗，留下 1 株，培育到 4 片叶。从播种到定植需要 3~4 周。

【整地】在定植 3 周前施入发酵好的堆肥和饭菜渣精制肥后耕地，然后起垄。

【定植、播种】春玉米在 4 月下旬 ~5 月下旬定植，同时每个穴播 3 粒红小豆的种。秋玉米在 8 月中旬 ~9 月上旬定植，在此之前的 7 月上、中旬时就先直播上红小豆。

【追肥】基本上不需要。土壤不肥沃的地块，给玉米每 3 周施 1 把饭菜渣精制肥即可。若肥料过多，红小豆易生长旺盛而不结荚。

【培土】如果在玉米植株基部出现次生根，就进行培土。也可在红小豆植株基部培几次土，使侧根伸展以促进生长发育。

【采收】玉米定植后 60~70 天就能采收。夏红小豆在 7 月中旬 ~8 月上旬、秋红小豆在 10 月上旬 ~11 月中旬叶枯并落地，多数的荚干了、成熟了就可采收。

要点

红小豆因为要利用完全成熟的豆荚，栽培需要 120~140 天，所以不要错过了播种时机。

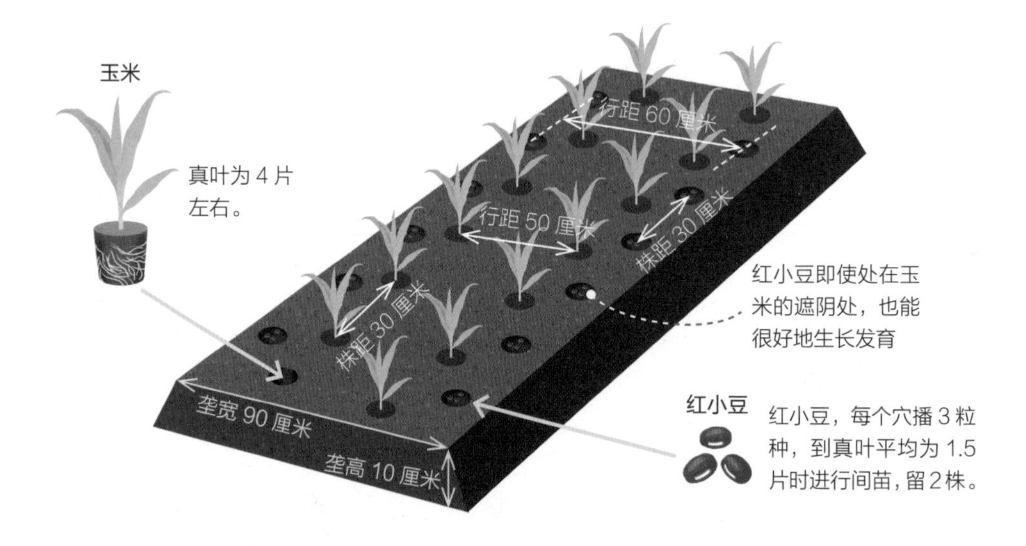

玉米 X 芋头

夏天芋头在玉米遮阴处生长发育，秋天玉米能很好地生长发育

光线超过一定程度后，有些植物的生长速度也不再增加了，这个程度称为“光饱和点”。玉米“光饱和点”高，接受的日光越强，生长发育得越快。与之相反，芋头对盛夏的强日光则不太适应，生长发育变慢，夏天在略遮阴的地方才能很好地生长发育。因此，正好可利用植株高的玉米的遮阴来栽培芋头。

春天栽培的玉米在 8 月上旬时就能收获，收获后耕地整畦，在 8 月中旬 ~9 月上旬就可培育秋玉米。芋头上的共生菌能固定空气中的氮，使周围的土壤变肥沃，这种效果明显表现在生长发育的后半阶段。秋天在芋头的附近栽玉米，即使不追肥，玉米也能生长得很好。

栽培流程

【品种选择】对玉米、芋头品种的选择都没有什么特别的要求。

【整地】在定植 3 周前施入发酵好的堆肥和饭菜渣精制肥后耕地，然后起垄。

【定植】玉米定植适期为 4 月下旬 ~5 月下旬，芋头在 4 月下旬 ~5 月中旬定植。

【追肥】土壤不肥沃时，每隔 3 周在玉米植株周围施 1 把饭菜渣精制肥。

【培土、铺稻草】在玉米（甜玉米）植株基部有次生根出来时，就可进行培土。芋头在 6 月上旬和 7 月上旬进行培土后，在出梅之前铺上稻草进行保湿。

【采收】玉米（甜玉米）定植后 60~70 天就可采收。芋头在霜降之前采收。

要点

如果条件允许，尽量按东西向起垄，在玉米遮阴的北侧培育芋头。如果玉米按南北垄种植，则在容易成荫的一侧栽培芋头。

在玉米遮阴处鸭儿芹也能很好地培育

因为鸭儿芹的植株不大，所以能和玉米在同一垄上混栽。玉米是须根系，鸭儿芹是直根系，所以二者基本上无竞争。

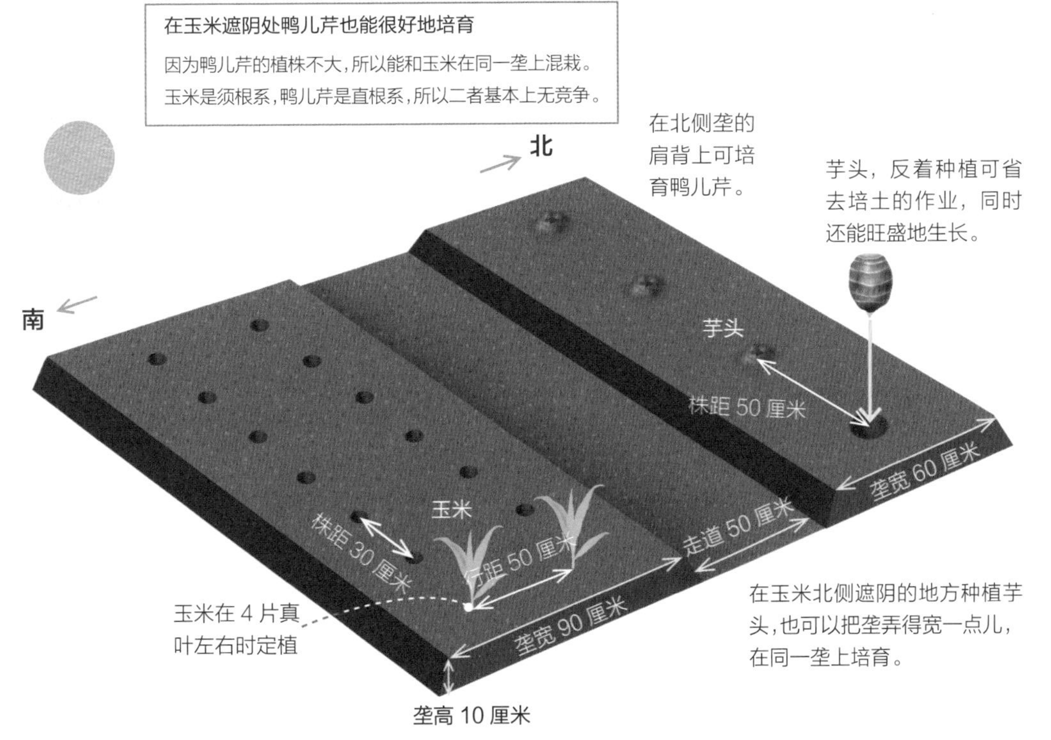

毛豆 X 玉米

不需要追肥，玉米就能很好地生长发育

毛豆和玉米的组合已经被广泛地应用着。在毛豆根上共生的根瘤菌，可固定空气中的氮，使土壤变肥沃。若在毛豆的旁边培育玉米，玉米发达的须根吸收这些肥料养分，能很好地生长发育。

另外，在毛豆的根上易共生菌根菌，磷和另外的微量元素（矿物质）会向玉米上转移。有了菌根菌在根上共生，根瘤菌也更易着生。

家庭种植时在玉米的行间，或者在玉米的两边培育毛豆，如果土地面积大，考虑到作业效率，可采用分几行种植并且相互错开的培育方法。

应用：可以用红小豆（参照第 40 页）代替毛豆。

栽培流程

【品种选择】毛豆可选用白豆和茶豆系列的极早熟或早熟品种。玉米若是甜玉米系列，对其品种没有什么特别的要求。

【苗的准备】在塑料钵内每钵播 3 粒玉米种，到 2~3 片真叶时进行间苗，留下 1 株，培育到 4 片叶。从播种到定植需 3~4 周。

【整地】在定植 3 周前施入发酵好的堆肥和饭菜渣精制肥后耕地，然后起垄。

【定植、播种】玉米的定植适期为 4 月下旬 ~5 月下旬。同时直播毛豆种，每个穴播 3 粒，在真叶平均 1.5 片时进行间苗，留下 2 株。

【追肥】基本上不需要追肥。

【培土】从玉米植株基部出现次生根时，就进行培土。也要在毛豆植株基部培几次土，使不定根伸展，从而促进生长发育。

【采收】玉米（甜玉米）定植后 60~70 天就可采收。毛豆播种后 80~90 天采收。

要点

毛豆在发芽时易受鸟的为害，所以要预先用网或无纺布等罩住才放心。

在玉米的行间
播种毛豆

在玉米的行间再种
上 1 行毛豆。

在玉米的旁边
种植毛豆

毛豆采用直播，每个穴播
3 粒，在真叶平均 1.5 片
时进行间苗，留下 2 株。

最终取得这样的效果

能互相驱避害虫

因为所属的科不同，在玉米上为害的玉米螟和在毛豆上为害的豇豆荚螟难以接近。

成为陪植植物

为对方害虫的天敌提供场所，从而抑制了为害。

土壤变肥沃

毛豆根上共生的根瘤菌使土壤变肥沃，玉米能很好地生长发育。

菌根菌的群落很发达

菌根菌不论在毛豆上还是在玉米上都容易着生，以菌根菌的群落为媒介，混栽的植物能互相提供养分。

毛豆 X 薄荷

薄荷有独特的清香味，使椿象不能靠近

谈到毛豆上令人讨厌的害虫，必然会提到以棒蜂缘蝽为首的椿象类。它们从荚上吸取汁液，有的咬伤豆荚，甚至会导致不结荚。因为在气温高时发生多，所以喝啤酒、吃毛豆的夏天，正是毛豆易受害的时期。

在毛豆附近栽培薄荷，椿象因为讨厌薄荷的气味就很少飞来了，在混栽和间作时要尽可能利用。不过薄荷是多年生杂草，地上部即使枯死了，根还残留着，到第 2 年又生长出来了，在田间一旦蔓延开了，管理就难了。所以，将薄荷用塑料钵或塑料花盆栽培，放在毛豆的旁边即可。如果想直接栽培薄荷，在田地的周围沿边栽培，就能有驱虫的效果。

应用：可用易遭受椿象为害的无蔓菜豆、无蔓豇豆、红小豆等豆科蔬菜来代替毛豆。

栽培流程

【品种选择】对毛豆品种的选择没有什么特别的要求。薄荷推荐有特殊清香味的香辛薄荷、印第安薄荷等。

【整地】如果土壤不肥沃，在定植 3 周前施入发酵好的堆肥和饭菜渣精制肥后耕地，然后起垄。

【播种、定植】毛豆，如果采用直播，每个穴播 3 粒种，然后进行间苗，留下 2 株；如果育苗，可在每个塑料钵内播 3 粒种，发芽后进行间苗，留下 2 株，真叶平均 1.5 片时定植，从播种到定植需 3 周左右。把购买的薄荷苗栽在塑料钵或箱式花盆内，也可在 3 月中、下旬播种进行培育。

【追肥】基本不需要追肥。但是去年在钵内培育的薄荷肥料养分不足，所以要随时施饭菜渣精制肥等。

【培土】分几次在毛豆植株基部进行培土，使其不定根伸展，促进生长发育。

【采收】如果毛豆荚中的豆鼓起来了就可采收。薄荷伸展开后，就可从顶端采摘利用。

要点

薄荷可先栽在塑料钵或箱式花盆内，然后埋入土中一部分，可保持水分，从而减少浇水次数。毛豆的收获结束时，可把薄荷挪到别的场所栽培。薄荷是多年生植物，可利用多年。

最终取得这样的效果

独特的清香味可驱除害虫

特别是椿象和螟虫的成虫飞来得少了。

薄荷采摘后还可制成茶享用

薄荷的茎伸展时，随时采摘利用。采摘后还可促进自身的生长发育，清香味也更强，驱除害虫的效果也越好。

毛豆

薄荷

放在种毛豆的垄上，每隔 1~2 米放 1 盆。

栽种薄荷的塑料钵或箱式花盆，用小型易挪动的更方便。

埋在地下一半左右，不易干旱。

毛豆 X 紫叶生菜

紫叶生菜覆盖地表面进行保湿，毛豆更容易结荚

毛豆可与很多蔬菜以混栽、间作的方式栽培，它和小油菜、菠菜等大多数的叶菜类都很投缘。因为在毛豆上共生的根瘤菌的作用会使土壤变肥沃，能促进植物的生长发育。

将紫叶生菜栽在毛豆的株间或垄肩上即可，多少有点遮阴也能很好地生长发育。紫叶生菜属菊科，对毛豆上为害的害虫有驱避作用，从而为害减少。另外，为了提高毛豆结荚率，增加产量，使其在开花期不缺水是很重要的。若一块儿培育紫叶生菜，其叶能扩展覆盖垄表面，从而起到了保湿的作用。

应用：可用无蔓菜豆代替毛豆。

栽培流程

【品种选择】对毛豆品种的选择没有什么特别的要求。紫红的紫叶生菜，其色泽对害虫有驱避效果。

【整地】在定植 3 周前起垄。对于不肥沃的土壤，在起垄时要施发酵好的堆肥和稻壳等，并充分混合均匀。

【播种、定植】毛豆的定植参照第 44 页。紫叶生菜播种时，先在塑料钵内装好培养土，用水润湿后散播，上面撒上极薄的土。从播种到定植大约需 3 周。紫叶生菜可和毛豆同时栽，也可稍晚一点儿栽。

【追肥】基本上不需要追肥。

【培土】要分几次在毛豆植株基部进行培土，使其不定根伸展，促进生长发育。

【采收】毛豆荚中的豆鼓起来了就可采收。紫叶生菜长大了，可从外面的叶开始采摘，也可采收整株。

要点

毛豆，如果是极早熟品种，从播种到收获需 80 天左右。紫叶生菜栽苗后 30~40 天就能收获。因为到栽培的后半阶段时混栽的效果明显，所以紫叶生菜在毛豆培土结束时再栽也可以。

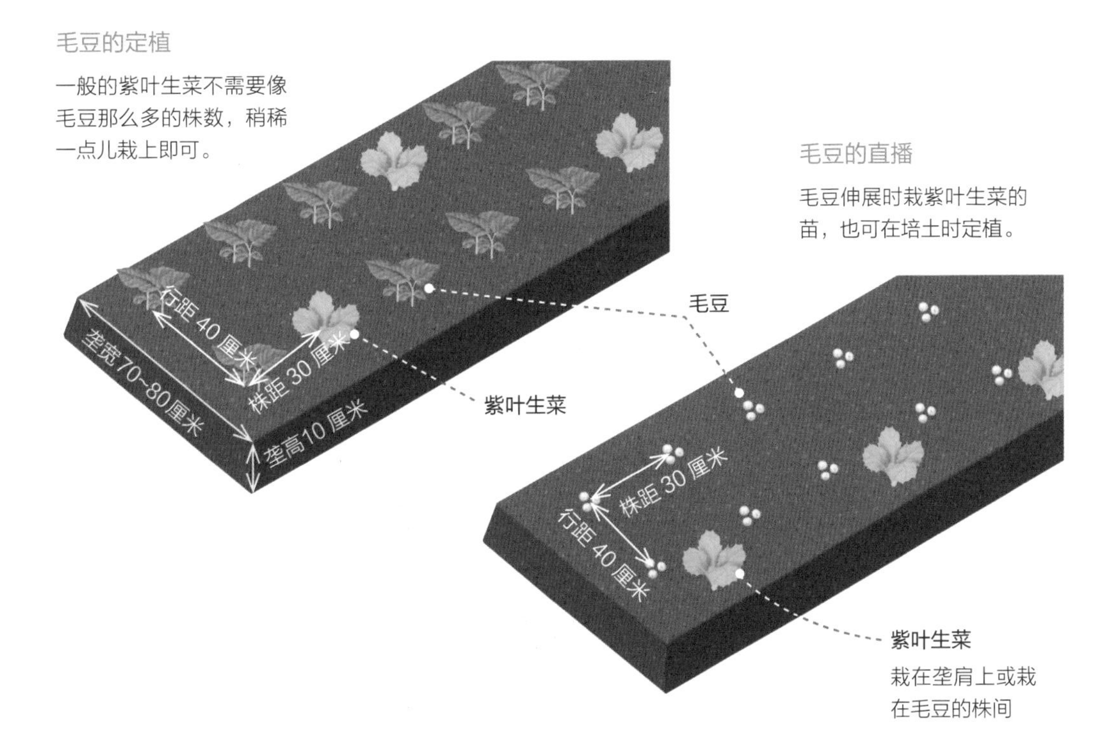

有蔓菜豆 X 芝麻菜

有效利用空间

驱避害虫

促进生长发育

在菜豆的植株基部再栽 1 种香味很浓的香草

有蔓菜豆一旦开始生长，其蔓就顺着支柱和铁丝网在缠绕的同时向上生长。在植株基部利用可能的空间再培育 1 种植物，这是混栽的目的。芝麻菜是十字花科植物，可作为香草和蔬菜用于制作凉拌菜等。由于芝麻菜生存能力很强，在菜豆的植株基部能很好地生长发育。

由于菜豆根上共生的根瘤菌作用，会使土壤变肥沃，芝麻菜能很好地生长发育。另外，芝麻菜覆盖在菜豆的植株基部，可代替地膜等覆盖，不仅具有保温、保湿、防止杂草生长的作用，其清香味还可驱避害虫。芝麻菜在 3 月上旬 ~10 下旬都能播种，收获一茬后可进行第二茬播种，也可和秋菜豆同时播种。

栽培流程

【品种选择】 有蔓菜豆的品种很多，利用当地的地方品种更容易培育。芝麻菜除了叶是圆形的种类外，还有其近缘植物小叶芝麻菜，香味很浓。

【整地】 在播种 3 周前进行起垄。如果是肥沃的田地，不施肥也可以。

【播种】 在每个穴内直播 3 粒有蔓菜豆种，到真叶平均 1.5 片时进行间苗，留下 1~2 株。芝麻菜和菜豆同时播种。

【追肥】 基本上不需要施肥。

【采收】 若在有蔓菜豆荚嫩时采摘，能长时间地收获。荚中的豆如果大了，植株就会老化，早早地枯死。芝麻菜随着叶数的增加，外叶长大时就可采收，间苗的菜也可利用。

要点

也可以采用箱式栽培，将有蔓菜豆当作绿色的屏风，在箱式花盆空着的地方培育芝麻菜。

应用： 可把芝麻菜种在豌豆的植株基部进行混栽。

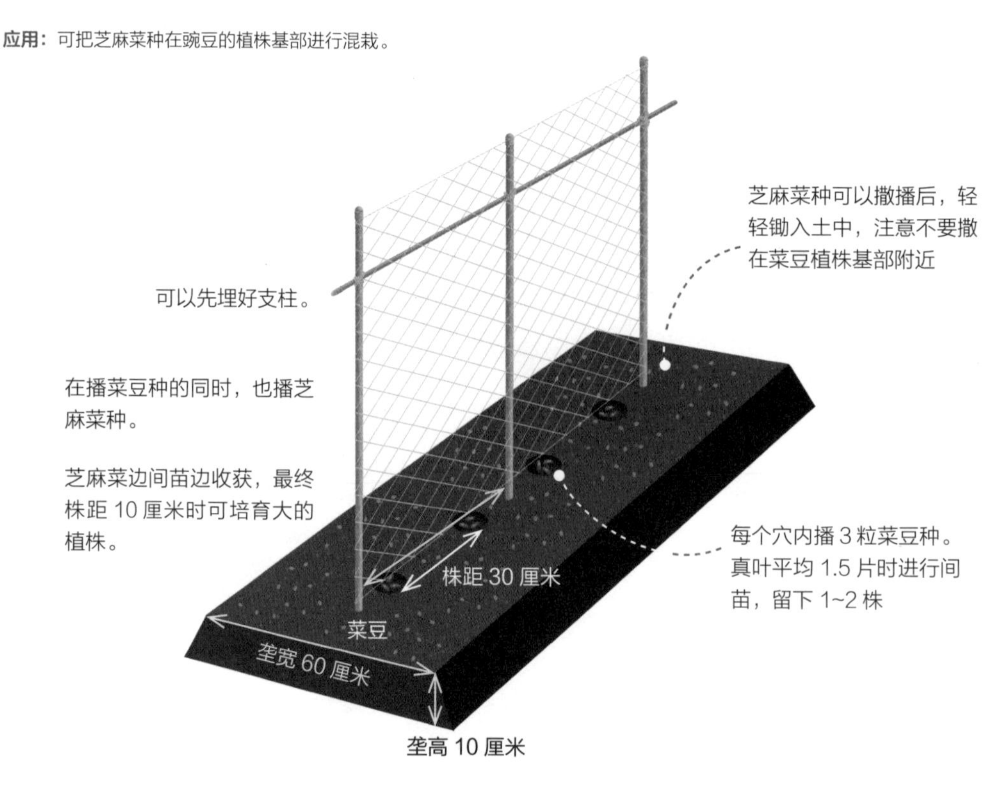

有蔓菜豆 X 苦瓜

有效活用引缚铁丝网，作为绿色屏风也很合适

有蔓菜豆和苦瓜，二者都是爬蔓的蔬菜，组合在一起可有效地利用支柱和引缚铁丝网。有蔓菜豆属豆科，根上共生着根瘤菌，可固定空气中的氮，使周围的土壤变得肥沃。苦瓜利用这些养分可以很好地生长发育。

苦瓜属葫芦科，有独特的清香味，几乎没有害虫为害。因此菜豆上的椿象、蚜虫、豇豆荚螟等害虫也就很少来了。

除了在田地中，用箱式花盆栽培蔬菜，放在窗前、阳台前作为绿色的屏风，也很令人愉悦。

应用：可用豇豆、四角豆代替菜豆；可用丝瓜、黄瓜、香瓜等代替苦瓜。

栽培流程

【品种选择】对有蔓菜豆、苦瓜品种的选择都没有什么特别的要求。

【整地】在定植 3 周前起垄。如果土壤不肥沃，施发酵好的堆肥后再进行整地。

【播种、定植】每个塑料钵内播 3 粒苦瓜种，有 2 片真叶时进行间苗，留下 1 株，到真叶 3~4 片时定植。同时播菜豆种，每个穴播 3 粒，在真叶平均 1.5 片时进行间苗，留下 1~2 株。从播种之后到间苗的这段时期，可用网或防寒纱等罩住以防止鸟害。

【追肥】基本上不需要追肥。

【采收】要注意在有蔓菜豆的荚还没变硬之前趁早采收。苦瓜的果实长大后就可采收。

要点

葫芦科和豆科都易遭受根结线虫的为害，一起栽培时为害就会加重，因此在根结线虫已发生的地方就不要再混栽了。

一开始就撑上支柱和引缚铁丝网。有蔓菜豆几乎是垂直向上爬蔓，苦瓜是斜向上爬蔓，二者巧妙地缠绕着铁丝向上伸展，可形成漂亮的绿色屏风。

每个穴播 3 粒菜豆种，到真叶平均 1.5 片时进行间苗，留 1~2 株。

苦瓜在真叶 3~4 片时定植，不要栽得过深。

甘蓝 X 紫叶生菜

紫叶生菜独特的清香味，可驱除蚜虫等害虫

说到甘蓝的害虫，首先浮现在脑海中的是菜粉蝶和小菜蛾的幼虫，也就是人们常说的“青虫”。把菊科的紫叶生菜和十字花科的甘蓝混栽，可驱避在十字花科上产卵的菜粉蝶和小菜蛾。球状生菜虽然也有效果，但因为菜粉蝶和小菜蛾不喜欢红色，所以还是紫叶生菜更有效果。不用说，甘蓝对为害紫叶生菜的蚜虫等害虫也有驱避作用。

在春天，甘蓝和紫叶生菜可同时栽培。若在秋天栽培，因为青虫的为害在甘蓝生长发育初期（9~10 月）加重，所以要栽上已经培育长大的紫叶生菜。

应用：可用嫩茎花椰菜、花椰菜等代替甘蓝。可用桑丘生菜、球状生菜、茼蒿等代替紫叶生菜。十字花科和菊科蔬菜的组合，几乎都有驱避害虫的效果。

栽培流程

【品种选择】对甘蓝品种的选择没有什么特别的要求。比起绿叶生菜来，还是推荐紫叶生菜。在秋天栽培时，紫叶生菜要早一点儿播种育苗，把苗培育得大一点儿。

【整地】在定植 3 周前施发酵好的堆肥和饭渣精制肥后耕地，然后起垄。

【定植】若春天栽、夏天采收，在 4 月中、下旬定植。若秋天栽、冬天采收，在 9 月上旬 ~10 月上旬定植，若春天采收，在上一年的 10 月下旬定植，但是这个时期青虫为害很少，混栽的效果几乎没有。

【培土、追肥】大约在甘蓝定植后 3 周时，在其周围施 1 把饭菜渣精制肥，进行培土。开始结球时，再施 1 把饭菜渣精制肥。

【采收】甘蓝结球后，用手按一下头的部分，如果变硬了就可采收。紫叶生菜长大后，可从外叶开始采收，也可从植株基部割断采收整株。

要点

紫叶生菜，春天栽培时，从外叶进行采收，要保证它能长时间地维持混栽；秋天栽培时，气温下降了，为害甘蓝的害虫少了，就可采收整株。

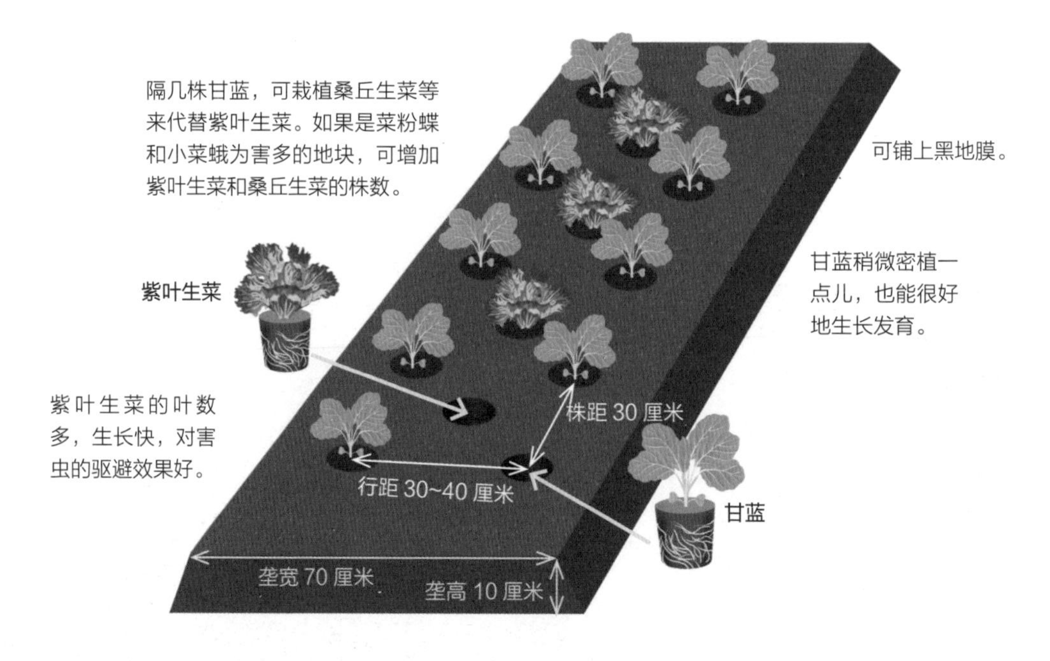

最终取得这样的效果

可互相驱避害虫

十字花科和菊科上的蚜虫种类不同，有互相驱避的作用。

在驱避害虫方面，鼠尾草也很有效果

利用菜粉蝶和小菜蛾忌避红色的特性，可把甘蓝、嫩茎花椰菜等和开红花的鼠尾草混栽。鼠尾草的种子各种各样，可利用高贵鼠尾草系的一串红（*Salvia splendens*）。它的耐热性强，在害虫发生多的时期也能很好地生长发育。

青虫也不为害甘蓝了

菜粉蝶、小菜蛾、蚜虫有避开红色植物的倾向。

由于紫叶生菜有菊科独特的香味，菜粉蝶和小菜蛾对其忌避，所以也就不为害甘蓝了。

二者都生长得很好

甘蓝是共荣型植物，对附近的蔬菜不排斥，双方都能很好地共长。

甘蓝 X 蚕豆

甘蓝可为蚕豆抵御寒风，二者都生长得很好

栽培蚕豆失败，在很大程度上是因为晚秋时将其栽到了田地里，但在根还没有很好地扎下时，由于遭受寒风和霜冻而冻死了。除了可用防风网和带叶的细竹枝等进行挡风外，培育秋天栽、春天收的甘蓝或嫩茎花椰菜等，二者混栽就能使蚕豆根很好地下扎，从而抵御寒冷。特别是在蚕豆栽培时间晚的时候，这样混栽很有效果。

在 11 月上旬 ~12 月上旬，把蚕豆苗栽到甘蓝的株间。若把蚕豆根尖端剪掉再栽，根的伸展会更好。到第 2 年春天，由于蚕豆根上共生的根瘤菌的作用，会使土壤变肥沃，所以能促进甘蓝的生长发育。另外，蚕豆易被蚜虫为害，但同时也易招引七星瓢虫等蚜虫的天敌前来，所以可以防治甘蓝上的害虫。

应用： 可用嫩茎花椰菜、花椰菜、羽衣甘蓝等代替甘蓝；也可用豌豆代替蚕豆。

栽培流程

【品种选择】 甘蓝选择抗冻性强的，适合秋天栽、春天收的品种。对蚕豆品种的选择没有什么特别的要求。

【整地】 在定植 3 周前施发酵好的堆肥和饭菜渣精制肥后耕地，然后起垄。

【定植、播种】 秋天栽、春天收获的甘蓝的定植时间在 10 月下旬 ~11 月上旬。蚕豆，在 10 月中、下旬播种育苗，11 月上旬 ~12 月上旬将其栽到甘蓝的株间或行间。

【培土】 甘蓝定植后 3 周左右可进行培土。

【采收】 甘蓝结球后，按一下头的部分，如果变硬了就可收获。在 5 月中、下旬，蚕豆荚朝下，背的部分变为褐色时即可采收。

要点

如果只是为蚕豆遮挡寒风，可用 9 月中、下旬定植、冬天收获的甘蓝。甘蓝采收时，外面留下 5 片叶左右，就可为蚕豆遮挡寒风、保持土壤的湿度。到春天时，留下的甘蓝上会长出侧芽，能收获拳头大的甘蓝 2~3 个。

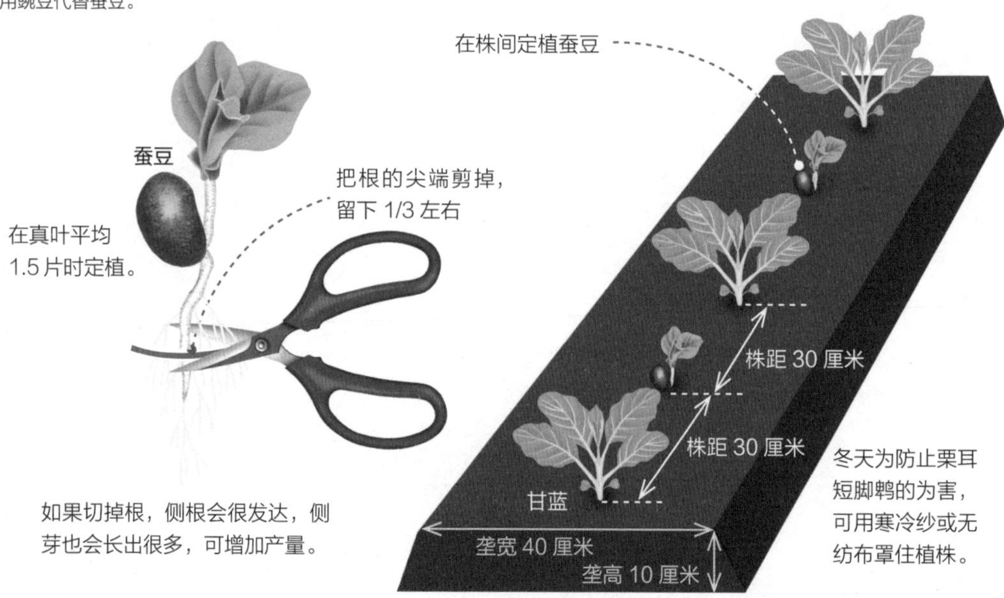

甘蓝 X 繁缕、白苜蓿

繁缕和白苜蓿从秋天到第 2 年初夏都能很好地覆盖地面，有助于甘蓝的生长发育

甘蓝与在其附近培育的多种蔬菜和杂草都很投缘，可以说是共荣型植物。而同属十字花科的结球蔬菜——白菜则是排除型，在其周围其他蔬菜和杂草几乎都不能生长，与甘蓝形成鲜明的对照。

繁缕是从秋天到第 2 年春天在田地里生长的杂草，是春天的七草之一，也能食用。繁缕生长的地方土壤肥沃，甘蓝也一定能生长得很好。

10 月下旬前后繁缕会一齐出芽，覆盖住垄和走道，这样任其生长就行。土壤不被寒风直吹，可保温、保湿，甘蓝能很好地生长发育。冬天田地被使用着，微生物群也很丰富，土壤会变肥沃。

春天栽、夏天收的甘蓝，可与白苜蓿混栽。因为白苜蓿一年到头都覆盖着地表，除能护根外，又作为豆科植物，具有使土壤肥沃的效果。另外，益虫也会增加，为害甘蓝的蚜虫等害虫也会变少。

应用：可用嫩茎花椰菜、小白菜等代替甘蓝。

栽培流程

【品种选择】春天收获的甘蓝，要选择耐冻性强的品种；夏天和冬天收获的甘蓝，一般的品种即可。白苜蓿常作为装饰景观用和绿肥用，市面上都有出售。

【整地】在定植 3 周前施发酵好的堆肥和饭菜渣精制肥后耕地，然后起垄。如果利用白苜蓿，在 11 月就要起垄播种。不需要特别整地。

【定植】甘蓝在真叶有 4~5 片时定植，株距一般为 40~50 厘米。如果株距 30 厘米，就属密植，会获得个头稍小而量多的甘蓝。

【追肥、培土】甘蓝定植后 3 周左右在植株周围施 1 把饭菜渣精制肥，然后培土。在结球开始时，再施 1 把饭菜渣精制肥。

【采收】甘蓝结球后，按一下头的部分，如果变硬了就可采收。

要点

在栽植开始时如果没有繁缕，可从附近的田地里移植过来。繁缕和白苜蓿植株长高时，就割得矮一点儿，使甘蓝的叶能充分地接受日光。白苜蓿一旦蔓延开了，即使进行除草，还是会从根上再生，管理就会变得困难，所以要注意限定其栽培范围。

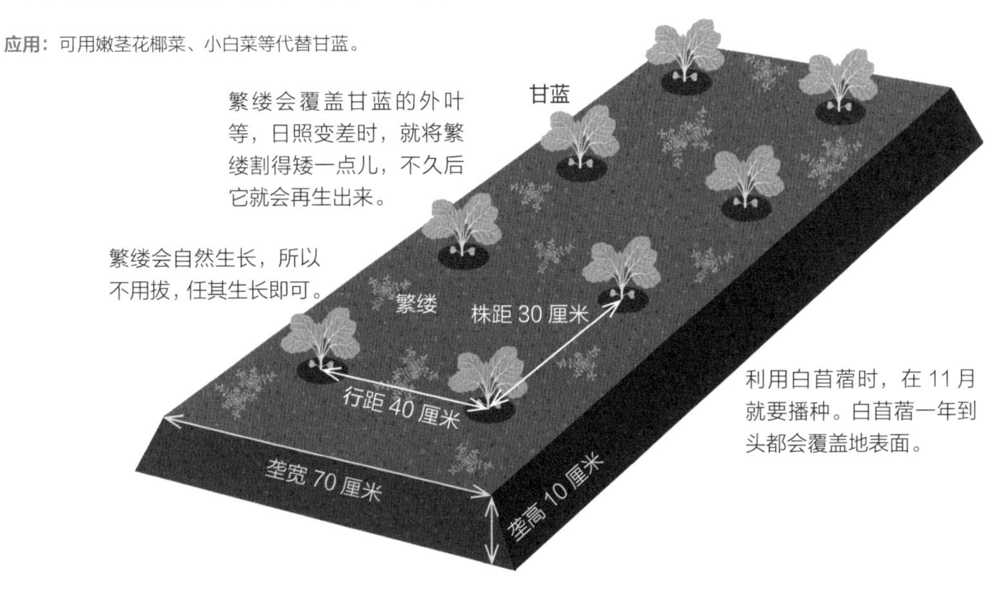

白菜 X 燕麦

预防病害

促进生长发育

驱避害虫

从燕麦的根上分泌出抗菌物质，可防止白菜根肿病的发生

白菜外叶长大后，叶片数继续增多，到秋末时结球，肉质会变厚，可获得卷得又紧、产量又高的大白菜。相反，如果在其生长发育初期被害虫吃了叶，或者被根肿病病原菌侵染了，叶片数没充分增加就遇到气温下降，还没有结球时就迎来了冬天，导致品质不佳、产量低。

白菜和燕麦混栽，有预防白菜根肿病发生的效果。燕麦的根能合成皂角苷，可防止植物被土壤病原菌感染。在白菜的旁边培育燕麦，由于这些皂角苷使土壤中根肿病等病原菌的密度减少，白菜就能健壮地生长。另外，燕麦还可为益虫提供场所，有减少白菜害虫的效果。

应用： 可用甘蓝、小油菜、芜菁等代替白菜。

栽培流程

【品种选择】 对白菜品种的选择没有什么特别的要求。燕麦还是野生种预防病害的效果好，市售的绿肥用品种也可利用。

【整地】 在定植 3 周前施发酵好的堆肥和饭菜渣精制肥后耕地，然后起垄。

【播种、定植】 白菜在 8 月下旬之前用塑料钵播种育苗，在 9 月中、下旬定植。燕麦可在白菜定植的同时进行播种，或者是起垄后在 8 月下旬 ~9 月上旬播种也很有效果。

【追肥】 因为要把白菜外叶培育得大一点儿，可在定植 3 周后从走道一侧追肥后培土，再过 2 周从另一侧进行追肥后培土，然后在 3 周后在植株的四角进行追肥。使用量都是饭菜渣精制肥 1 把。

【采收】 按一下白菜球顶部，如果变硬了，就可从植株基部进行采收。

要点

燕麦植株长高后，若使白菜接受日光的条件变差了，就可从植株基部 10 厘米左右处割断。将割断后的茎叶铺在垄或走道上，可代替地膜覆盖。

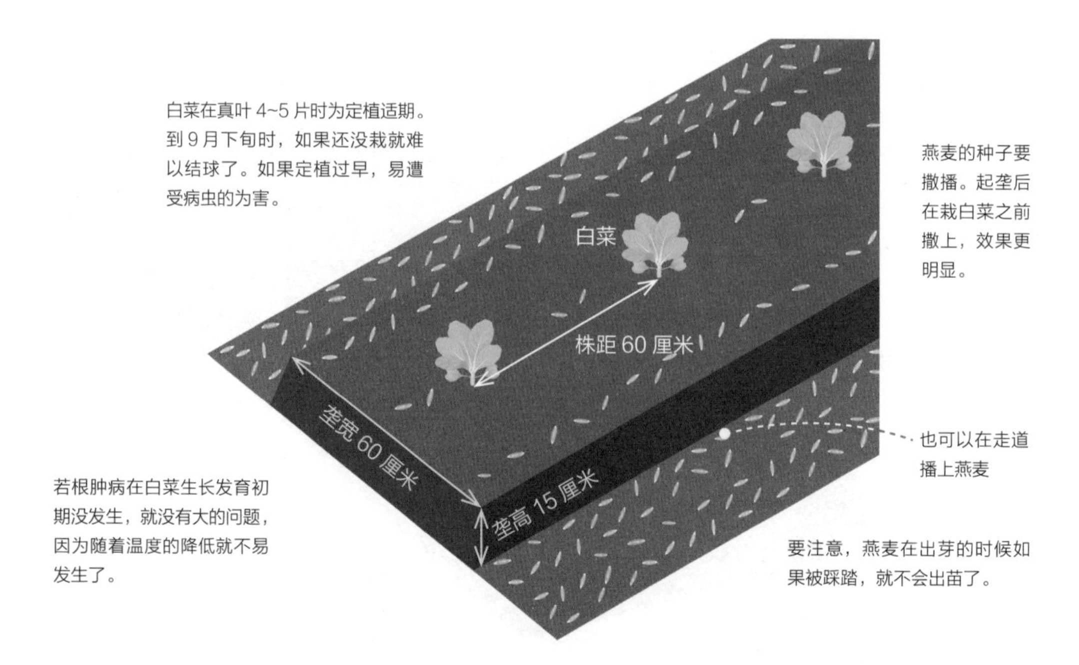

白菜 X 金莲花

在金莲花上可繁殖益虫，防治白菜上的害虫

金莲花是金莲花科的 1 年生或多年生杂草，花和叶梢有点儿辣味和酸味，可作为食用花而被利用。与十字花科的白菜混栽时，其清香味可驱避蚜虫。另外，在金莲花的叶和茎上有叶螨和蓟马附着为害，但是捕食这些害虫的益虫也会随之而来，可作为陪植植物发挥作用。

金莲花对高温多湿的夏天耐受力差，若想与秋天培育的白菜进行混栽，要在避开西晒的场所使之越夏，或者在 8 月下旬 ~9 月上旬播种育苗，按每隔 3~4 株白菜栽 1 株金莲花的比例在垄上混栽。

应用：金莲花除可和甘蓝、嫩茎花椰菜、小白菜、小油菜、芜菁等十字花科蔬菜混栽外，还可和茄子、甜椒等茄科，生菜等菊科蔬菜混栽。

栽培流程

【品种选择】对白菜品种的选择没有什么特别的要求。金莲花，除可购买园艺用苗外，也可购买种子进行播种育苗。

【整地】在定植 3 周前施用发酵好的堆肥和饭菜渣精制肥后耕地，然后起垄。

【播种、定植】白菜在 8 月下旬之前用塑料钵等播种育苗，在 9 月中、下旬定植。金莲花，如果用种子培育，要在 8 月下旬 ~9 月上旬播种，到真叶 3~4 片时可定植。

【追肥】参照第 52 页。

【采收】白菜的采收参照第 52 页。金莲花，需要少量多次地摘取花和叶做凉拌菜等，种子也能供加工西式泡菜用。

要点

金莲花匍匐生长，也能横向扩展，只要不遮挡白菜的叶，就可任其生长。在秋末时开始枯萎，在白菜结球时就几乎干枯了。有些散落的种子到第 2 年春天时又可发芽。

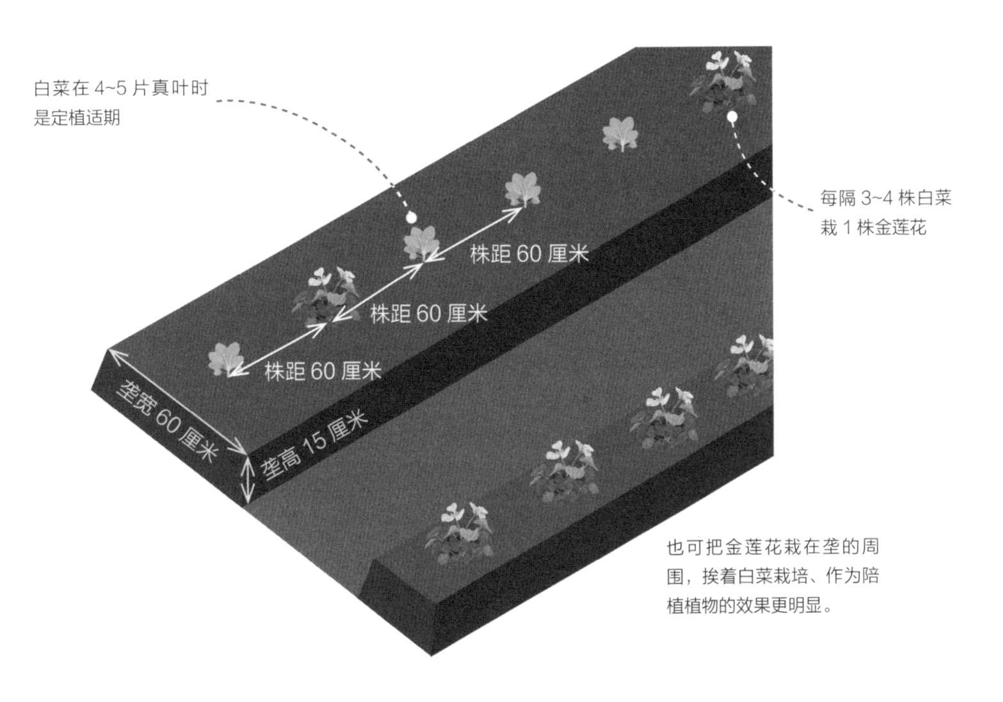

小油菜 X 绿叶生菜

青虫和蚜虫基本上不发生了

小油菜和绿叶生菜的生长期都比较短，可在同一垄上栽培。小油菜属十字花科，菜粉蝶、小菜蛾的幼虫（青虫）和蚜虫等害虫会附着为害。菊科的绿叶生菜有驱避这些害虫的效果，所以适合与小油菜混栽。而且为害绿叶生菜的蚜虫，小油菜对其也有驱避作用。

用小白菜、芜菁、野油菜等十字花科的叶菜类代替小油菜也能有同样的效果。在春天和秋天时，往往会把这些十字花科蔬菜集中在一个地方栽培，推荐在行间再搭配上绿叶生菜等其他科的叶菜类蔬菜。

应用：可用同属菊科的茼蒿代替绿叶生菜。

栽培流程

【品种选择】对小油菜品种的选择没有什么特别的要求。在绿叶生菜中混栽上红色的紫叶生菜，会提高驱避害虫的效果。

【整地】在定植 3 周前施用发酵好的堆肥和饭菜渣精制肥后耕地，然后起垄。

【播种】小油菜采用直播，在春天的 4 月上旬 ~5 月下旬、秋天的 8 月下旬 ~10 月上旬都可播种。绿叶生菜既可直播，也可先育苗，除去 7 月中旬 ~8 月中旬外，在 3 月下旬 ~10 月上旬都可播种。

【间苗】小油菜到真叶 1~2 片时进行间苗，株距 3~4 厘米；株高 7~8 厘米时，株距 5~7 厘米。绿叶生菜在直播时，为使邻近的植株和叶不互相重叠，可随时进行间苗，最终株距 15 厘米左右。间苗拔出的菜都可食用。

【追肥】如果是不肥沃的土壤，小油菜的叶变黄时，可在其行间、垄肩等地方施少量的饭菜渣精制肥，和土掺混一下。

【采收】小油菜从播种到采收的时间为 40~60 天，长大后就可以进行采收。绿叶生菜可从外面的叶开始摘取，也可把长大的植株从基部切取。

要点

因为害虫的为害在高温时多发，所以在秋天栽培时把绿叶生菜的苗先定植培育长大，可提高防除害虫的效果。

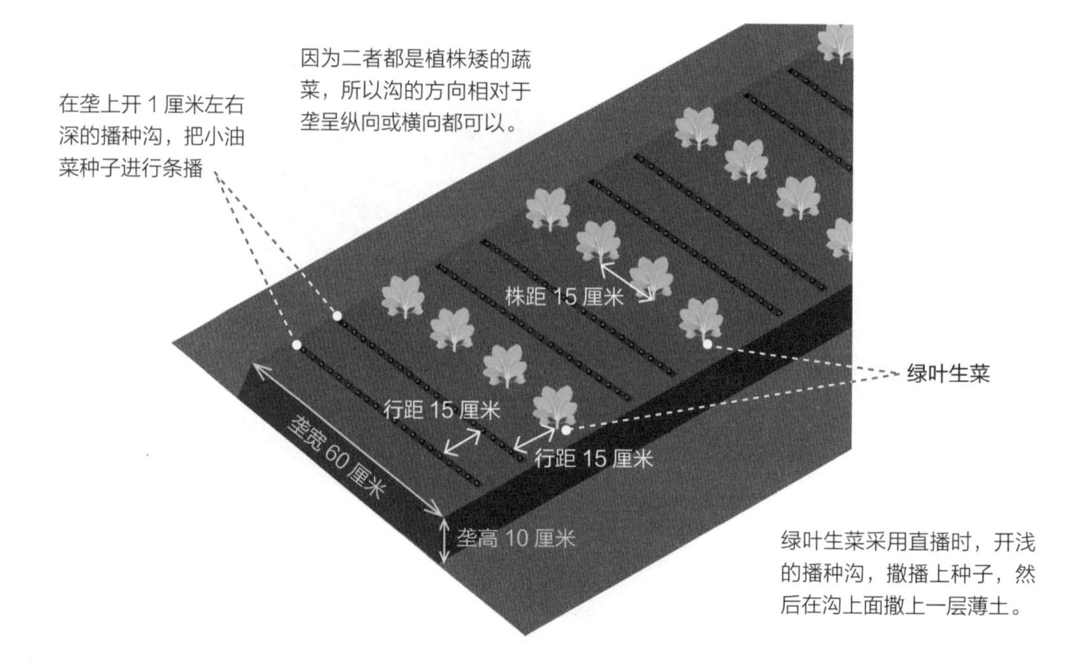

小油菜 X 韭菜

预防病害

驱避害虫

韭菜能驱避小猿叶虫，保护小油菜

秋天播种的小油菜被害虫为害后，叶上有很多小孔，严重时呈网状。检查叶片时可发现叶上有 4 毫米左右大小的黑甲虫，一般就是小猿叶虫。当要把手靠近想捕捉时，它们会突然从叶上落下并逃走。小猿叶虫不仅是小油菜，而且是十字花科蔬菜上共同的很讨厌的害虫。

小猿叶虫不喜欢韭菜的气味，因此可以把小油菜和韭菜进行混栽，或者是挨着栽培。要点是韭菜叶伸展后，要频繁地收割。割韭菜后从伤口流出的液体，特别是韭菜气味，小猿叶虫不喜欢。把割下的韭菜叶铺在垄上，也很有驱避效果。

应用：用甘蓝、嫩茎花椰菜、白菜、小白菜、野油菜、芜菁、萝卜等十字花科蔬菜和韭菜混栽，都很有效果。

栽培流程

【品种选择】对小油菜和韭菜品种的选择都没有什么特别的要求。

【整地】在定植 3 周前施用发酵好的堆肥和饭菜渣精制肥后耕地，然后起垄。

【播种、定植】小油菜可直播到田地里，8 月下旬 ~10 月上旬都可以。韭菜可用出售的苗，也可在 3 月下旬播种育苗，6 月时定植培育，每个穴定植 3 株。

【追肥】参照第 54 页。

【采收】小油菜的采收参照第 54 页。韭菜叶伸展后，从基部留下 3 厘米左右，切取上部即可。

要点

猿叶虫是秋天常见的害虫。小油菜的芽出来后，把韭菜从基部留 3 厘米左右切割，铺在小油菜的行间或垄上即可。不仅能防除生长发育初期的害虫，而且舍掉夏天生长变硬的韭菜叶，能采收又柔软又香的韭菜。

韭菜植株长高后就割掉并铺在行间或垄上。割韭菜后从伤口流出来的液体所含的气味，害虫特别不喜欢。

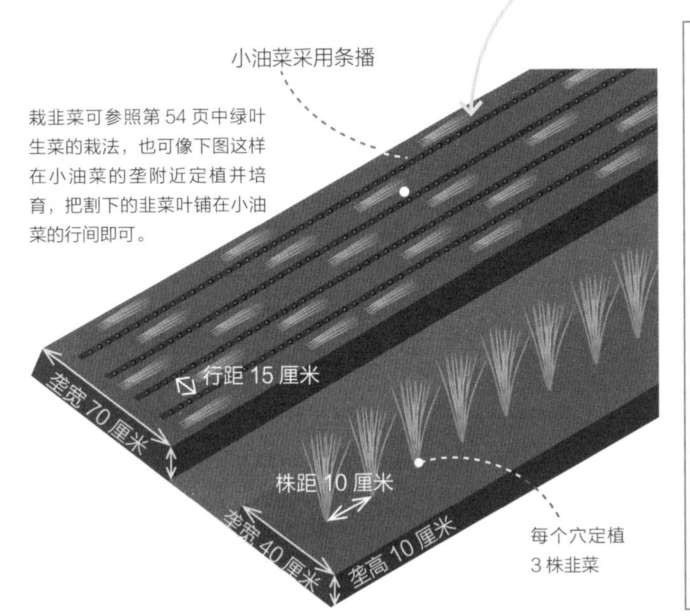

藜、白藜的草生栽培

小油菜、小白菜或野油菜栽培时，从春天到秋天灵活运用在田地里生长的藜和白藜进行伴生栽培，能很好地生长发育。藜和白藜是与菠菜相近的同类，能防除十字花科的害虫。另外它们覆盖地表面，可代替地膜覆盖，进行保湿和防止其他杂草的生长。只是，如果放任藜、白藜生长，植株会长高而遮挡小油菜，这时就要从植株基部切除。因为藜和白藜是 1 年生杂草，所以到秋末时就枯死了。

菠菜 X 细叶葱

菠菜能健全地生长发育，味道也变得更好

枯萎病是菠菜经常发生、非常麻烦的土壤病害。在细叶葱根上共生的微生物分泌出的抗菌物质，能杀灭引起菠菜枯萎病的镰刀菌。

细叶葱是单子叶植物，喜欢有机物分解后的铵态氮并吸收；而菠菜是双子叶植物，喜欢由铵态氮转变成的硝态氮并吸收。

菠菜经常地变苦，有时有涩味，这是吸收硝态氮过多的缘故。和细叶葱混栽时，细叶葱能吸收过剩的养分，就可获得爽口、味道好的上等菠菜。

应用：可用冬葱和胡葱代替细叶葱。

栽培流程

【品种选择】菠菜在春播时，应选择耐冻性强的品种。细叶葱一般选“九条葱”等品种。

【整地】播种 3 周前施发酵好的堆肥和饭菜渣精制肥后耕地，然后起垄。

【播种、定植】菠菜的播种，除去盛夏时从春天到秋天都行，采用条播方式。同时定植细叶葱，细叶葱的播种适期为 3 月和 9 月，育苗需要 30 天以上。

【间苗、追肥】菠菜在真叶 1 片时进行间苗，株距 3~4 厘米；株高 5~6 厘米时，株距 6~8 厘米。在第 2 次间苗时，要在菠菜、细叶葱的行间施饭菜渣精制肥。

【采收】菠菜在植株达 25 厘米左右时就要采收。细叶葱，从基部留下 3 厘米左右收割，叶还能长出来。

要点

菠菜在 pH 为 6 以下的酸性土壤内难以生长，这种情况下可以施石灰（或贝壳粉、镁石灰等）调整土壤至中性（pH 为 7）附近。细叶葱也是在中性的环境中生长发育好。

最终取得这样的效果

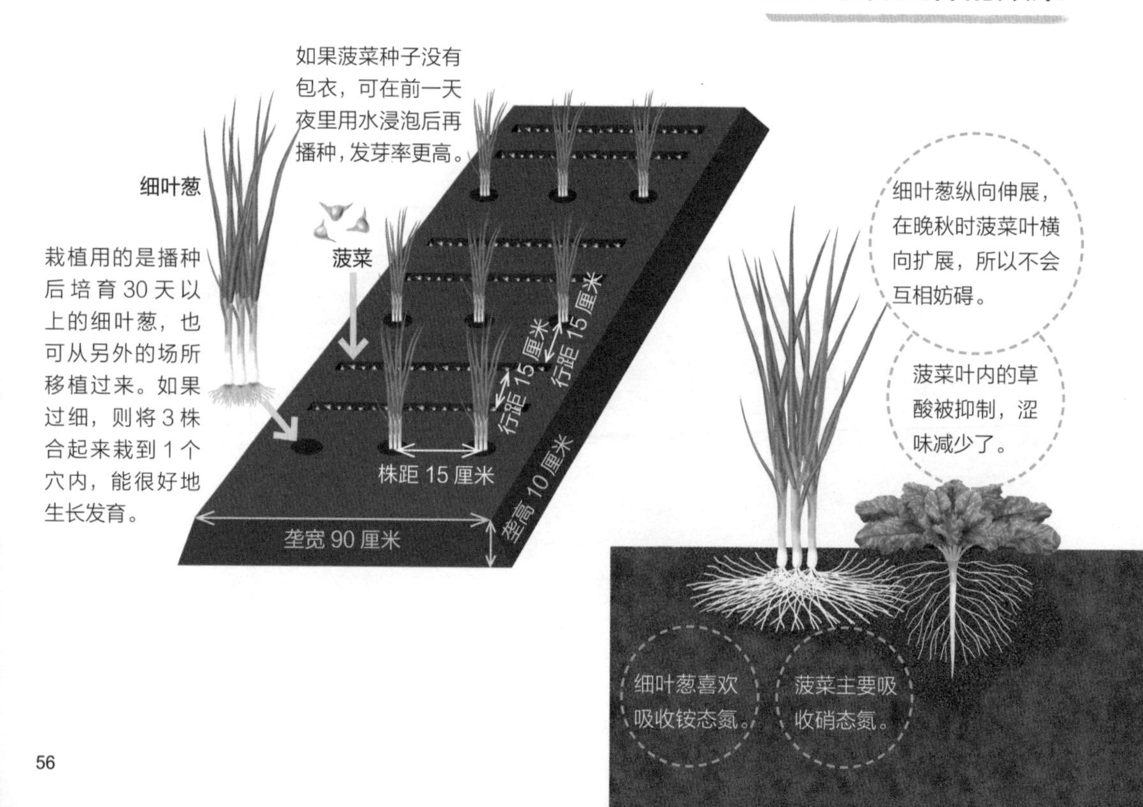

菠菜 X 牛蒡

和直根系蔬菜组合，菠菜根能更好地伸展

牛蒡在接近收获时茎快速伸展，叶也变大，要想栽培需要很大的面积。应在牛蒡还小的时候，在同一垄上栽培菠菜进行收获。牛蒡有在4月中旬~5月上旬播种、秋天收获的秋牛蒡，和在9月中旬~10月上旬播种、春天收获的春牛蒡。适合和菠菜混栽的是春牛蒡。

牛蒡是根正直向下伸展的直根系蔬菜，在栽培前就要挖60~70厘米的沟进行深耕。菠菜也是主根向下伸展的直根系蔬菜，在深耕的地方根进行伸展，能很好地生长发育。

栽培流程

【品种选择】对菠菜和牛蒡品种的选择都没有什么特别的要求。

【整地】若牛蒡种植长根品种，在播种3周前挖沟深60~70厘米，把土壤整理疏松，将土填回后起垄。不用施发酵的堆肥和饭菜渣精制肥。

【播种】春牛蒡在9月中旬~10月上旬播种。菠菜的播种参照第56页。牛蒡在播种的前一天，要将种子浸在水中浸泡1天，使之充分吸水，1个穴内播5~6粒种，上面覆盖一层薄土。

【间苗、追肥】菠菜的间苗参照第56页。牛蒡真叶为1片时留2株，真叶为3片时留1株。追肥在第2次间苗时进行，在菠菜的周围追施饭菜渣精制肥。

【采收】菠菜的采收参照第56页。牛蒡的采收在第2年6月中旬~8月上旬。

要点

种凉拌菜用的牛蒡（短根品种），若在8月下旬时播种，年内就能收获。这种情况下，菠菜可同时或稍晚一点儿播种。

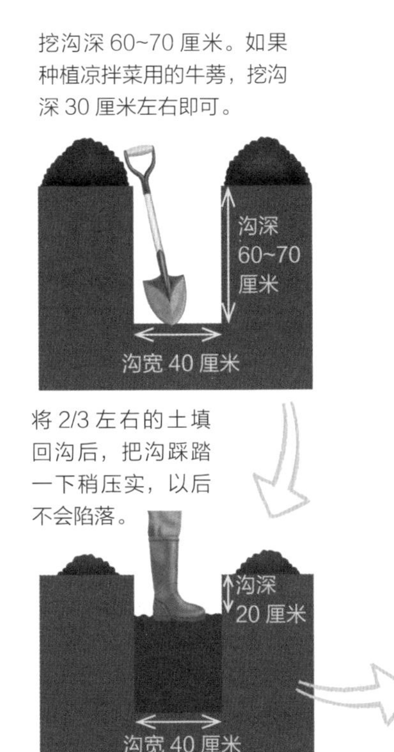

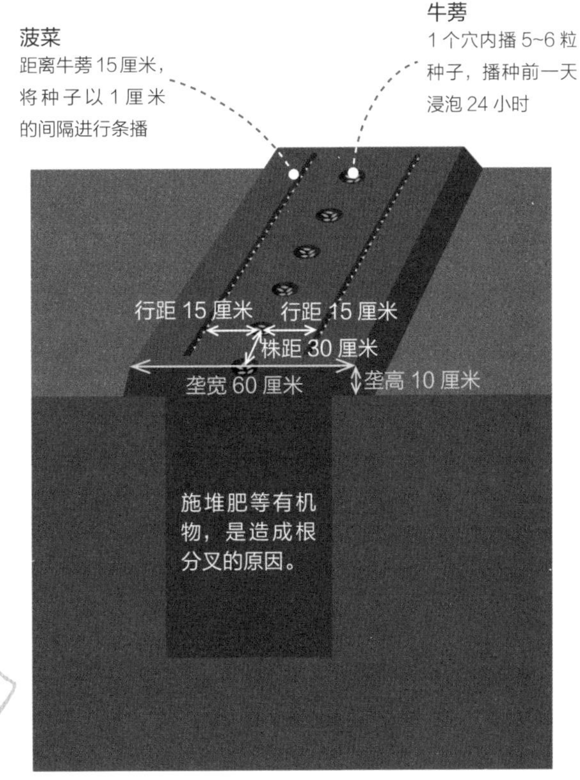

茼蒿 X 小白菜

茼蒿的清香味 可驱避小白菜的害虫

与甘蓝和紫叶生菜的组合（参照第 48 页）一样，茼蒿和小白菜也是十字花科和菊科的叶菜类组合。混栽茼蒿，可防止小白菜上的菜粉蝶和小菜蛾成虫飞来并产卵，从而防止为害发生。另外，由于所属科不同，二者还能互相驱避对方的蚜虫。

此外，这两种蔬菜所喜欢的肥料养分也不同，过剩的肥料养分能被互相利用，由于肥料施用过量而引起的苦涩等问题就不会发生，味道自然更加纯正。

植株直立类型的茼蒿，从播种到采收需 40 天左右，小白菜则需 50~65 天。因为小白菜的害虫发生较多，因此先培育茼蒿，混栽效果会更明显。

应用：可用小油菜、野油菜、芜菁等代替小白菜，也可用绿叶生菜代替茼蒿。

栽培流程

【品种选择】对小白菜品种的选择没有什么特别的要求。茼蒿若选大叶类型，因为采收时是从植株基部切取，所以栽培期不能延长；若选植株直立型的，秋播的情况下在摘心的同时可延长栽培期。

【整地】在播种 3 周前施发酵好的堆肥和饭菜渣精制肥后耕地，然后起垄。

【播种】茼蒿种采用条播，因为发芽率不高，撒得稍多一点儿即可。秋播时，小白菜种要在茼蒿最初间苗时播种。春播时，小白菜和茼蒿可同时播种。

【间苗、追肥】茼蒿在真叶 2~3 片时进行间苗，株距 5~6 厘米；真叶 7~8 片时株距 12 厘米。小白菜在真叶 1~2 片时留 2 株，4~5 片时留 1 株。二者都是在第 2 次间苗后要施饭菜渣精制肥。

【采收】秋播的茼蒿，真叶为 10 片左右时采收，从茎的顶端摘心即可，注意保留下面 5 片叶左右。因为其侧芽还继续生长，所以可随时收获。小白菜植株基部变粗、鼓起来成为圆形，叶变厚了，就可采收。

要点

因为春播的茼蒿易遭受冻害，所以采收时不要摘心，直接从植株基部切取。春播时，因为在植株生长发育的初期害虫发生少，所以茼蒿和小白菜可同时播种；如果把茼蒿先播种栽培，在小白菜害虫多发时茼蒿就已到采收期了，混栽效果不明显。

秋播

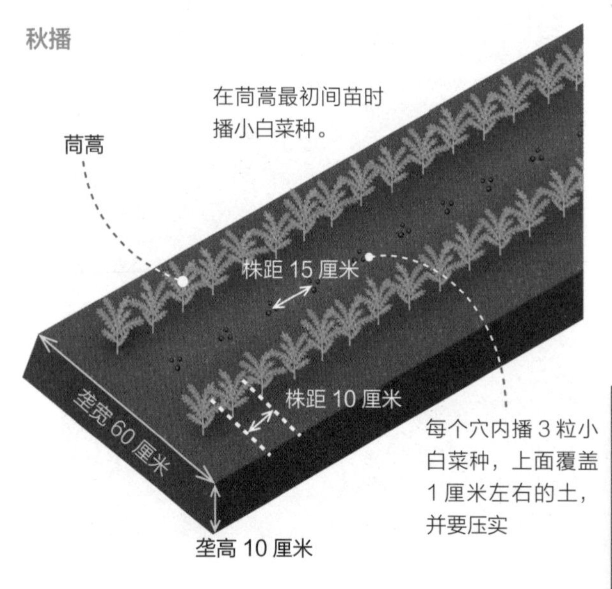

最终取得这样的效果

茼蒿 X 罗勒

把罗勒零散地分开种植，其清香味可驱避茼蒿的害虫

在茼蒿上附着的蚜虫、潜叶蝇等害虫，用罗勒独特的清香味就可驱避。多种害虫都是在6~9月多发，罗勒的耐热性较强，能旺盛地生长，可驱避茼蒿上的害虫。另外，罗勒清香味的成分中有芳樟醇，本身就具有杀菌作用。

需要注意的是，在春茼蒿太近处不要培育大量的罗勒。特别是从初夏到盛夏，植株渐渐地长高，茼蒿就很难培育了。因为罗勒的清香味能飘散到比较广的范围，所以间隔50厘米以上零散地栽培就足够了。

栽培流程

【品种选择】对茼蒿品种的选择没有什么特别的要求。罗勒中的“甜罗勒”易买到也容易栽培。

【整地】在播种3周前施发酵好的堆肥和饭菜渣精制肥后耕地，然后起垄。

【播种、定植】茼蒿种采用条播，在秋天的9月上旬~10月下旬，春天的3月下旬~5月中旬都可播种，重点推荐秋播。在播茼蒿种的同时定植罗勒。若罗勒用种子培育，在3月上旬就要播种，和番茄、茄子的播种一样，都需要加温措施；秋天可利用在夏天剪下的茎尖端进行插条，来繁殖植株。

【间苗、追肥】茼蒿的间苗和追肥参照第58页。

【采收】茼蒿的采收参照第58页。罗勒可随时从顶端摘取利用。

要点

若罗勒随时摘叶利用，侧芽陆续地伸展，清香味变得更强，驱虫效果更明显。

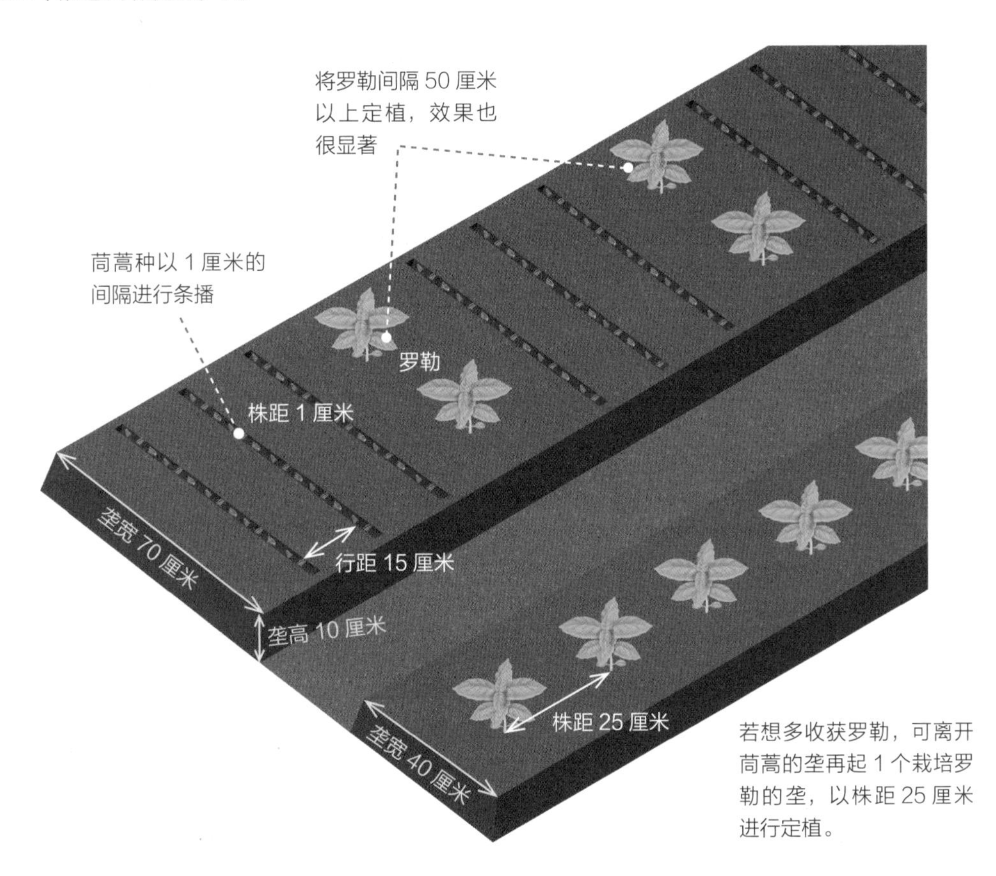

叶菜类蔬菜的混合栽培

把不同科的蔬菜邻近栽培，能有效地防除害虫

能少量多次地采收各种各样的叶菜类蔬菜是很实用的。利用陪植植物的优势，试着进行多种蔬菜的混合栽培吧。

受欢迎的叶菜类蔬菜如小油菜、小白菜、野油菜、腌菜用菜、芥菜等，再加上小型根菜类的小芜菁和红萝卜，以及可在垄上栽的大部分蔬菜都是十字花科的。把这些蔬菜邻近栽培，喜欢为害十字花科蔬菜的蚜虫、叶螨及菜粉蝶、小菜蛾、菜叶蜂的幼虫等害虫会大量发生。

因此，把菊科的茼蒿、生菜、苦苣、桑丘生菜等，藜科的菠菜和甜菜（恭菜）等，百合科葱属的细叶葱等不同科的叶菜类蔬菜搭配混栽，那么几乎所有的害虫会很快找到自己喜欢为害的蔬菜，这样就不再去为害别的，如此一来害虫的为害就会大幅度地减少。

红萝卜
（十字花科）

喜欢偏酸性的土壤。若在外侧的行栽培，萝卜的膨大情况容易检查，采收方便。根据品种的栽培天数，把握好采收时期是关键。

- 播种间隔 1 厘米。
- 培育 30~40 天可采收。

绿叶生菜
（菊科）

喜欢偏酸性的土壤。可直播也可栽苗。如果和紫红色的紫叶生菜混栽，对喜欢十字花科蔬菜的菜粉蝶和小菜蛾的驱避效果更好。

- 如果是直播，种子需间隔 1 厘米，用很薄的土覆盖住种子。如果栽苗，植株间隔 15~20 厘米。
- 如果植株长大了，可随时从外叶开始采收。

肥料使用量即使少一点儿，也能很好地生长发育的蔬菜。

栽培流程

【品种选择】在春天要注意防止蔬菜被冻坏，所以要选择春天专用的品种。叶菜类蔬菜的播种时期为 3 月下旬 ~5 月中旬和 9 月上旬 ~10 月中旬。稍微错开一下播种时期，就能长时间地采收蔬菜。

【整地】在播种 3 周前施发酵好的堆肥和饭菜渣精制肥后耕地，然后起垄。

【追肥】基本上不需要追肥。菠菜、小油菜等可追施一些油渣肥。

【间苗】请参照各种蔬菜的间苗部分。间苗拔出的菜也可利用。

【采收】把长大了的菜一次性采收。

小白菜
（十字花科）

相比红萝卜和绿叶生菜，喜欢接近中性的微酸性土壤。

- 播种间隔为2厘米，间苗2次时使株距为15厘米。也可采用点播。
- 培育50~60天可采收。

茼蒿
（菊科）

喜欢微酸性的土壤。春天推荐从植株基部切割收获的大叶品种，秋天推荐适合涮火锅用的植株直立型品种。具有抑制十字花科蔬菜根肿病发生的效果。

- 播种间隔为1厘米，间苗2次时使株距为12厘米。
- 培育40~50天时就可开始采收。秋天如果是摘心利用，采收能持续很长时间。

小油菜
（十字花科）

喜欢微酸性至中性的土壤，具有防止菠菜立枯病的效果。

- 播种间隔为1厘米，间苗2次时使株距为6厘米。
- 从培育长大的植株开始采收。

菠菜
（藜科）

喜欢中性的土壤，如果在酸性土壤中，容易发生立枯病，所以在对酸性土壤整地时应撒施贝壳粉、石灰等。

- 播种间隔为5~10毫米，间苗2次时使株距为5~6厘米。
- 因为春播容易遭受冻害，所以在真叶7片时就可采收。

细叶葱
（百合科）

喜欢微酸性至中性的土壤。3月上旬就可在塑料钵内播种育苗，和菠菜混栽很投缘，可以用细香葱代替。

- 按株距20~30厘米把2~3株合起来一块儿定植。
- 定植后30天左右就可采收。

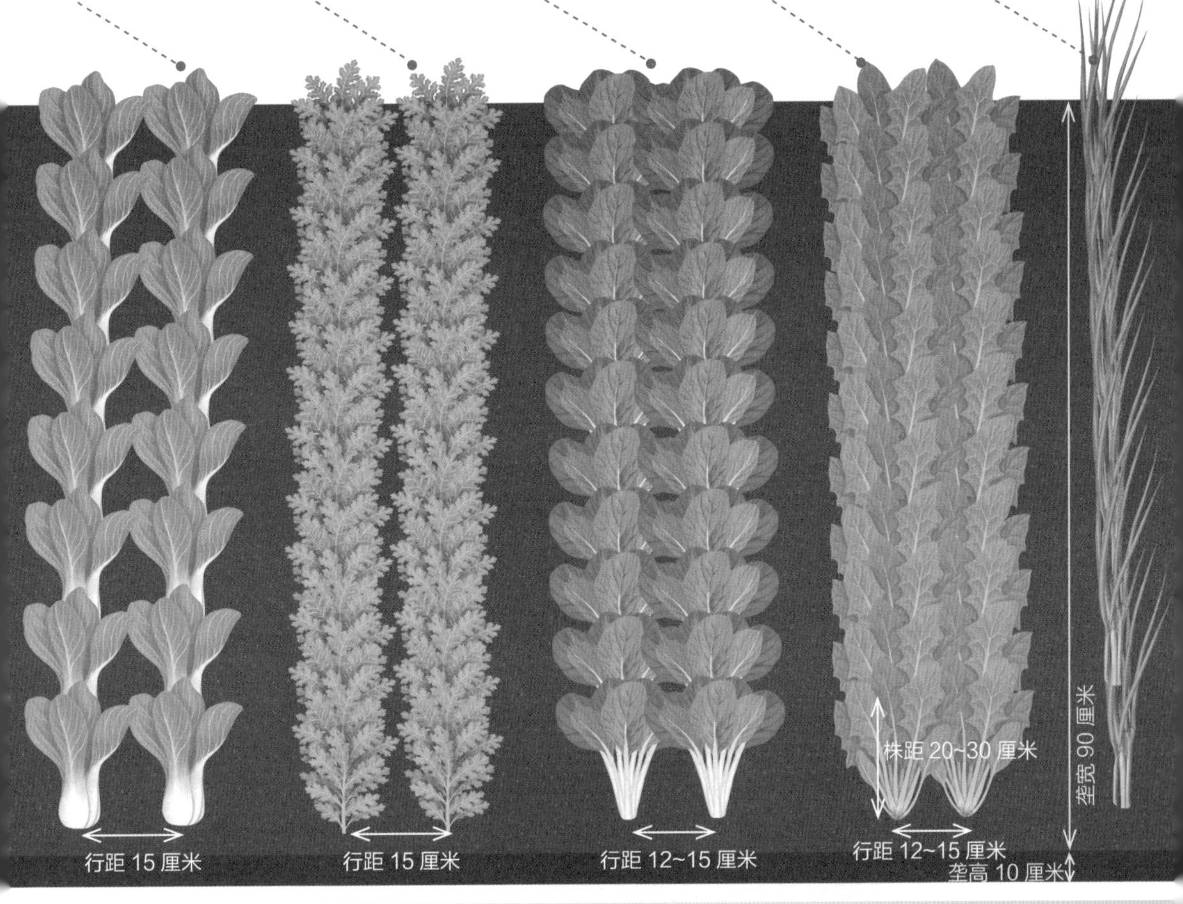

以上这些蔬菜对肥料比较喜好，
因为随水的流动肥料养分也移动，
所以可把有这些蔬菜的地块弄得稍低一些。

球状生菜 X 嫩茎花椰菜

把嫩茎花椰菜作为避寒物，就可从早春栽培球状生菜

球状生菜的苗耐寒性较强，在早春的3月上旬前后就可在大田育苗。为了躲避突如其来的霜和寒风，将球状生菜栽在春天收获的嫩茎花椰菜的背阴处是很好的避寒措施，比一般的可早栽培2~3周，在5月中旬就能收获。把球状生菜混栽在嫩茎花椰菜的背阴处，能错开栽培时期。

如果在10月上旬以后栽培秋延迟的球状生菜，在结球时很容易遭受强霜而使球被冻伤，这时要靠冬天收获的嫩茎花椰菜来避霜。菊科的球状生菜和十字花科的嫩茎花椰菜还具有互相驱避害虫的效果。

应用：可用甘蓝和花椰来代替嫩茎花椰菜。

栽培流程

【品种选择】球状生菜要选择耐寒性特别强的品种才好。嫩茎花椰菜可选择3月下旬~4月中旬收获的早春品种。根据各自的栽培时期分别使用。

【整地】在定植嫩茎花椰菜3周前施发酵好的堆肥和饭菜渣精制肥后耕地，然后起垄。

【定植】10月定植嫩茎花椰菜，第2年3月上、中旬在嫩茎花椰菜的株间或行间定植球状生菜的苗。球状生菜的苗可于2月中旬在塑料钵内播种，进行加温培育。

【追肥、培土】在定植球状生菜的时候，在嫩茎花椰菜的植株基部施1把饭菜渣精制肥，同时进行培土。

【采收】按一下球状生菜结球的顶部，如果结实了，就可从植株基部切取，早晨采收会更新鲜。嫩茎花椰菜的花蕾长大后就可采收。

要点

对嫩茎花椰菜进行认真培土后，把球状生菜栽在其行间时就如同栽在沟里一样，接受日光，温度容易提升，苗能很好地生长发育。

韭菜 X 藜

利用生长的杂草，培育柔软的韭菜

在田地中生长的藜不拔除，留下让其生长，可培育柔软的韭菜。首先在 3 月中、下旬把在冬天因寒冷而枯倒的韭菜叶割除。虽然还是在气温较低的时期，但如果把土的表面稍微划动一下，藜就一齐发出芽来了。

韭菜利用从冬天到第 2 年春天粗根上蓄积的养分能生长到 7 月，在这期间藜的根竖直向深处扎，把水分从深层吸到上层来，所以韭菜也容易吸收到水分。盛夏时藜覆盖着地表，能代替地膜覆盖，保持土壤的湿度。这样从夏天到秋天，韭菜的叶不硬，能很好地伸展，能长期采收既柔软又好吃的韭菜叶。

应用：白藜具有和藜一样的效果。

栽培流程

【品种选择】对韭菜品种的选择没有什么特别的要求。

【整地】在定植 3 周前施发酵好的堆肥和饭菜渣精制肥后耕地，然后起垄。如果少施一点儿石灰，韭菜能很好地生长发育。

【定植】6 月中旬是韭菜定植适期。同一个穴内定植 3 株，可使用市场上卖的苗，也可于 3 月下旬在肥沃的田地里播种育苗。

【追肥】在韭菜的叶色变淡的时候，可在垄肩上施稻壳或稍微未腐熟的饭菜渣肥等。

【割老叶】植株伸展开时，在 10 月上、中旬从植株基部 2~3 厘米处把叶割掉。在此之后，柔软并且香味好的韭菜叶就伸展出来了。

【采收】植株长到 20~30 厘米时，随时用如同割老叶一样的要领进行采收，在 6 月 ~12 月中旬都可进行。但反复割上 4~5 次，植株就衰弱了，所以要休息 2 个月左右。

【分株】韭菜在栽培 2 年后（第 3 年），因为分蘖长成了大棵，就要挖出来进行分株，将 3 株合并再进行重新栽培。

要点

因为藜放任不管，植株能长到接近 1 米的高度，所以当它接近韭菜的高度时，就要进行切割。将其茎叶铺在韭菜的垄上，可代替地膜等覆盖。

最终取得这样的效果

在同一个穴内将 3 株合并定植，株距 10 厘米。

割掉老叶或采收都以同样的要领，从植株基部 2~3 厘米处进行收割。

可代替地膜覆盖

藜覆盖着地表，可代替地膜，保持土壤湿度。

垄高 10 厘米

垄宽 40 厘米

有助于根的伸展

藜的根向深处伸展，也有助于韭菜根的伸展。

洋葱 X 蚕豆

促进生长发育

有效利用空间

预防病害

驱避害虫

因为栽培期一样，所以能在同一垄上栽培

洋葱、蚕豆都是可在 11 月栽植，到第 2 年 5~6 月采收的越冬型蔬菜。因为栽培期相同，所以能在同一垄上栽培，有效地利用空间。

洋葱和豆科植物很投缘。冬天，因为植株互相地扩展自己的根，霜柱不易形成，也不易遭受寒冷的侵害。另外，洋葱是葱属蔬菜，其根上的共生菌可分泌抗菌物质，防止蚕豆立枯病的发生。

随着气温的升高，在蚕豆上的蚜虫和豆蚜等发生，同时它们的天敌七星瓢虫、油蜂、食蚜蝇等也随之增加，从而起到防治洋葱害虫的陪植植物的作用。再随着温度的升高，在蚕豆根上共生的根瘤菌可非常活跃地进行固氮作用，使周围的土壤变肥沃。洋葱从肥沃的土壤中吸收养分，使葱头膨大。

应用：可用和蚕豆栽培期接近的豌豆代替洋葱。

栽培流程

【品种选择】对洋葱和蚕豆品种的选择都没有什么特别的要求。

【播种、育苗】洋葱可利用田地的一角播种育苗，播种时期为 9 月，不过可根据早熟、晚熟的不同品种进行调整；也可利用出售的苗。蚕豆可在 10 月下旬 ~11 月上旬在塑料钵内播种育苗，每钵种 1 粒。

【整地】在定植 3 周前施发酵好的堆肥和饭菜渣精制肥后耕地，然后起垄。

【定植】洋葱苗高 15 厘米左右时就可定植，一般株距 15 厘米，也可按 10 厘米左右进行密植。蚕豆在真叶 2~3 片时为定植适期。

【追肥】为洋葱追肥，可在 12 月中、下旬追 1 次，在 2 月下旬再追 1 次，施稻壳或饭菜渣精制肥，并和表土掺混均匀。蚕豆的追肥不需要特别考虑。

【采收】洋葱有 8 成左右的植株倒伏时，就可连剩余的植株一起进行采收。蚕豆荚向下垂，背的部分稍有点儿变黑时，就可采收。

要点

栽有蚕豆的垄，在蚕豆的两侧栽培洋葱是常用的做法。也可以在比较宽的栽有洋葱的垄上再种蚕豆。

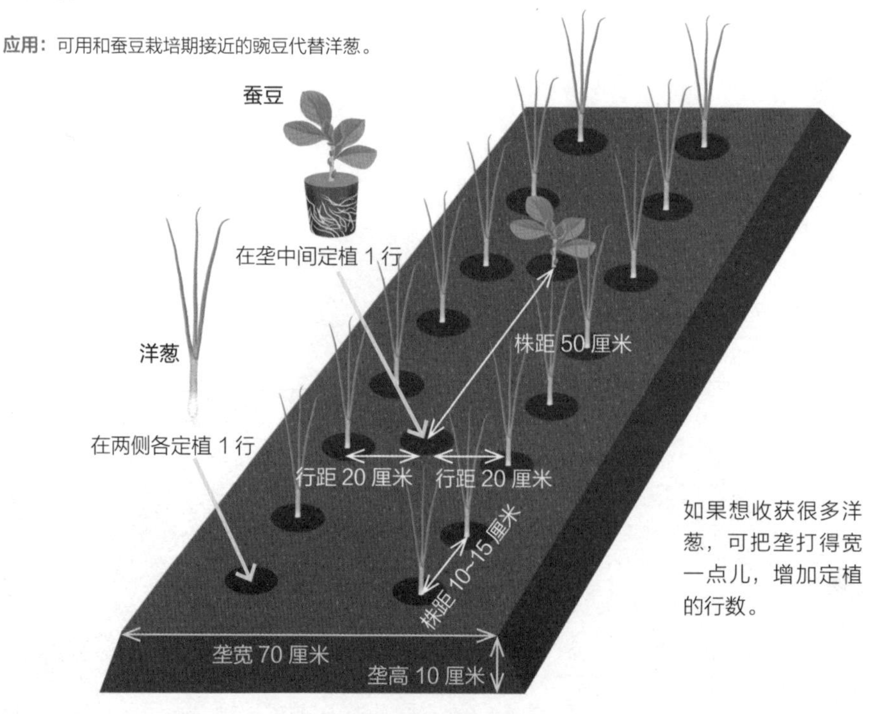

最终取得这样的效果

成为陪植植物

一到春天，蚕豆茎的顶端易附着蚜虫为害，不过同时七星瓢虫等害虫的天敌也相应增加，洋葱上的害虫就少了。

代替地膜覆盖

在蚕豆的稍背阴处，可使洋葱植株基部保持湿度，从而很好地生长发育。

预防蚕豆的病害

在洋葱的根上着生的共生菌可防治蚕豆立枯病。

促进洋葱的生长发育

一到春天，蚕豆根进行扩展，由于在新根上共生的根瘤菌激剧活动，会使土壤变肥沃。

洋葱 X 绛车轴草

混栽豆科绿肥植物，可培育大的洋葱

绛车轴草是豆科绿肥植物，因为开鲜红色的花，所以也被称为“紫红色蜡烛”。在栽洋葱之后，于洋葱周围撒播上它的种子，1 周左右就能发芽，以低矮的植株覆盖着地表进行越冬，可防止霜柱对洋葱植株的损害。

一进入 3 月，绛车轴草就快速地生长，可防止其他杂草的生长。在柔软的叶上虽然有蚜虫为害，但很快就会有七星瓢虫等益虫过来。其根上共生的根瘤菌可固定空气中的氮，使土壤变肥沃。洋葱可利用这些养分使洋葱鳞茎膨大。

栽培流程

【品种选择】对洋葱品种的选择没有什么特别的要求。绛车轴草有作为绿肥用的，有作为草花用的，均可使用。

【播种、育苗】洋葱可利用田地的一角进行播种育苗，播种时期一般为9月，可根据早熟、晚熟的不同品种进行调整。也可利用出售的苗。

【整地】在定植 3 周前施发酵好的堆肥和饭菜渣精制肥后耕地，然后起垄。

【定植、播种】在 11 月中旬 ~12 月上旬栽植株高 15 厘米左右的洋葱苗。虽然因品种不同而有差异，但如果栽得过早，就容易冻死苗。定植洋葱后，把绛车轴草的种子撒播在垄上，轻轻地划锄将其和土掺混。

【追肥】绛车轴草会使土壤变肥沃，所以可不用施肥。对于不肥沃的土壤，可进行少量追肥（参照第 64 页）。

【采收】洋葱的采收，参照第 64 页。

要点

绛车轴草在 4 月下旬时开鲜红色的花，5 月中旬种子就会成熟。散落在地上的种子有的成为杂草，所以可在种子散落前收割。收割的地上部分养分很丰富，将其铺在垄上可成为草肥。

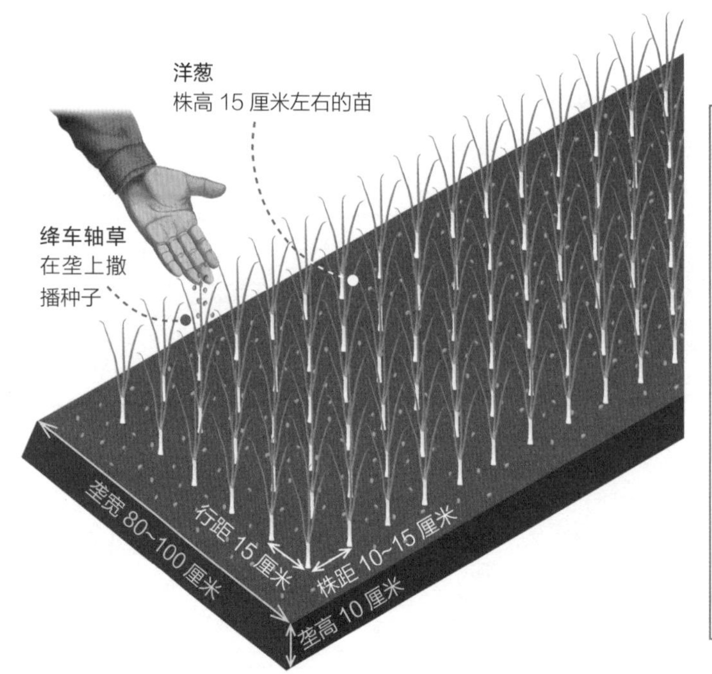

作为陪植植物被利用

绛车轴草在 4 月上、中旬花茎一齐生长，若把花茎切割，植株便不会老化、枯死，可培育到夏天。整株长大后，可成为益虫的栖息场所，所以可作为陪植植物而活用。上图是作为番茄的陪植植物而栽培绛车轴草的实例。

洋葱 X 洋甘菊

洋甘菊的清香味
可驱除洋葱叶上的害虫

洋葱上常见的一种发病症状，是叶上有多处飞白的情况。这是由体长1毫米左右的蓟马为害造成的，严重时飞白的部分扩大，光合作用受影响，生长发育就会变衰弱。

在栽洋葱垄的近处栽培洋甘菊，由于害虫讨厌其清香味，因此它们就不过来了。另外，在洋甘菊上虽然有喜欢菊科植物的蚜虫来为害，但因为其天敌也会增加，从而可防除寄生在洋葱上的蚜虫等害虫。

应用：洋甘菊和黄瓜等混栽也能得到同样的效果。

栽培流程

【品种选择】对洋葱品种的选择没有什么特别的要求。洋甘菊选择1年生的、小型的“德国洋甘菊”，使用起来很方便。

【播种、育苗】洋葱的播种育苗可参照第66页。洋甘菊可于9月中、下旬在播种箱内播种育苗，也可利用市场上出售的苗。

【整地】在定植3周前施发酵好的堆肥和饭菜渣精制肥后耕地，然后起垄。

【定植】洋葱的栽植参照第66页，每隔4~5株洋葱栽上1株洋甘菊。

【追肥】洋葱和洋甘菊的追肥，可于12月中、下旬追1次，2月下旬再追1次，施稻壳或者饭菜渣精制肥，并和表土掺混均匀。

【浇水】在冬天持续干旱时，如果进行浇水，洋葱、洋甘菊都能很好地生长发育。

【采收】洋葱的采收参照第64页。洋甘菊的叶伸展开后，如果在3月中、下旬把芽的顶端掐了，侧芽就会增加，花也会增加。开花期为4月上旬~5月中旬，在刚开花的时候摘花，可享受到其清香味。

要点

洋甘菊中的“罗马洋甘菊”，是多年生杂草，植株矮，生长得很繁茂。不仅花，其茎和叶等整株都能发出很强的清香味。可栽在易被风吹到的垄周围和田地的周围。因为不耐热，可在夏天时割掉，利于通风。

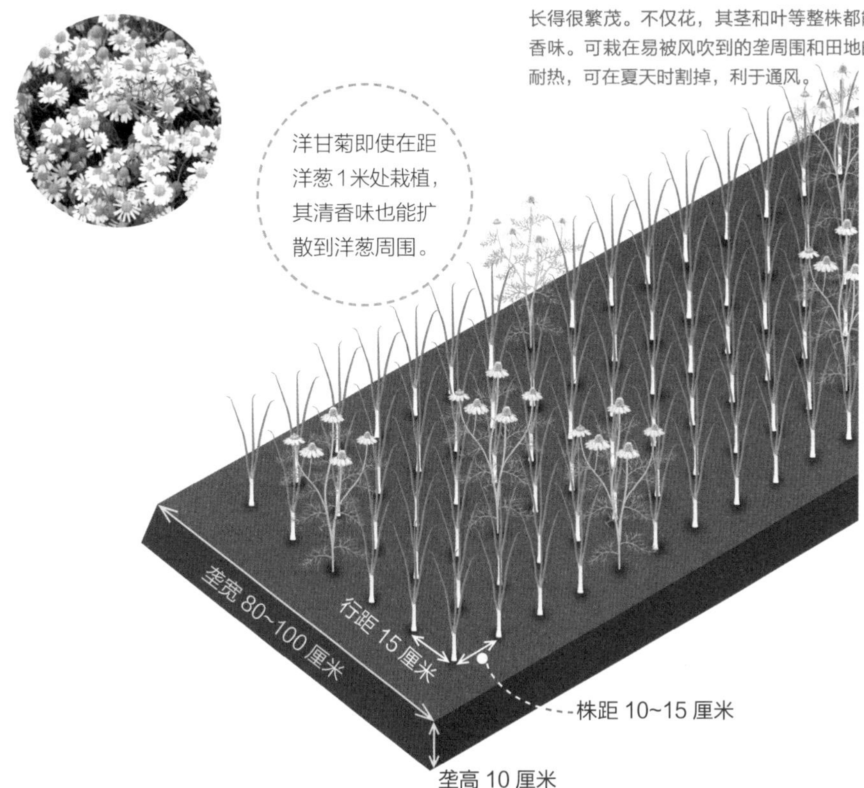

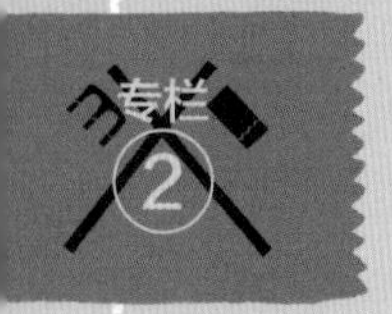

用图片展示

伴生栽培的实际案例

伴生栽培，在各地都被采用着，
在此用图片介绍有代表性的组合案例。

驱除害虫

驱除十字花科的害虫

每隔 3~4 株嫩茎花椰菜混栽 1 株菊科的紫叶生菜，就可减轻菜粉蝶和小菜蛾幼虫对十字花科蔬菜的为害。

在嫩茎花椰菜的株间混栽紫苏科的鼠尾草，除利用气味的效果外，还利用了菜粉蝶和小菜蛾不喜欢红色的特性。

间作不同科的蔬菜

把不同科的蔬菜邻近地进行间作，能抑制害虫的为害。从左向右依次是茼蒿（菊科）、小油菜（十字花科）、紫叶生菜（菊科）、菠菜（藜科）、胡萝卜（伞形科）、小白菜（十字花科）。

打造害虫天敌的栖息地

甜椒和万寿菊的间作。万寿菊是陪植植物，在其上可繁殖蚜虫、蓟马、叶螨等害虫的天敌。

预防病害 

把韭菜和茄科植物混栽

在番茄的植株基部混栽韭菜。葱属植物根上的共生菌分泌的抗菌物质，可减少诱发番茄枯萎病的病原菌。深根类型的茄科和同样是深根类型的韭菜组合，效果很明显。

在葫芦科蔬菜中混栽大葱

在葱属植物根上的共生菌对葫芦科蔬菜也很有效果。图中是由甜瓜生产者提供的实际案例，在浅根类型的葫芦科植株基部混栽大葱，效果很好。

抑制十字花科蔬菜根肿病

在白菜的周围栽培燕麦。燕麦根分泌的抗菌物质，可抑制十字花科特有的土壤病害根肿病病菌的发生。

抑制白粉病

在栽培黄瓜的走道上培育地毯式麦类。在麦类上可繁殖白粉病病原菌的寄生菌，同时可成为繁殖害虫天敌的陪植植物。

促进生长发育 

混栽、间作豆科植物

在番茄垄肩上混栽花生。豆科植物根上共生的根瘤菌会使土壤变肥沃。而且豆科植物的叶和茎覆盖地表，起到地膜覆盖的作用。

玉米和豌豆的间作。豆科植物的根瘤菌在使土壤变肥沃的同时，菌根菌的群落也会更加发达，从而使双方的生长发育更好。

通过混栽提高蔬菜的品质

因为细叶葱可防止由于肥料过多而引起菠菜发涩的情况，减少菠菜的涩度，使其味道更好。

增加产量

在草莓中混栽大蒜，可促进花芽分化，增加产量。若混栽了矮牵牛花，则会增加访花昆虫，使草莓的授粉更好。

有效利用空间 

活用了植株基部的空间

在茄子植株基部培育荷兰芹。荷兰芹叶的扩展后，具有保湿的效果。

用于避寒

在春天收获的甘蓝旁边混栽蚕豆。用甘蓝遮挡寒风，到春天时先收获甘蓝。

利用蔬菜遮阴

用芋头大的叶片遮挡夏天的强日光照射，可培育较难培育的夏萝卜。

作为支柱利用

在秋葵的植株基部播种豌豆，枯了的秋葵茎可代替支柱。到了冬天，秋葵还可以成为抵风御寒物。

芜菁 X 细叶葱

芜菁变甜，连叶也美味可口能吃了

十字花科和葱属植物的组合，二者着生的害虫不同，能互相驱避，从而抑制了害虫为害。另外，它们根圈微生物有很大的差异，病害的发生也会变少。

细叶葱喜欢吸收铵态氮，芜菁喜欢吸收由铵态氮进一步分解变成的硝态氮，不仅不发生养分的互相争夺，还不会造成肥料过多现象。其结果是芜菁能长得很圆很干净，没有苦味，味道很好，甚至叶的涩味也没有了，变得美味可口。

应用：和细叶葱混栽，除了小白菜、小油菜等十字花科叶菜类可代替芜菁外，菠菜（参照第 56 页）等也能应用。也可用细香葱等代替细叶葱。

栽培流程

【品种选择】对芜菁、细叶葱品种的选择都没有什么特别的要求。如果调整行距，芜菁从小型到大型的品种都能选用。

【整地】在播种 3 周前施发酵好的堆肥和饭菜渣精制肥后耕地，然后起垄。

【播种、定植】芜菁的播种与细叶葱的定植可同时进行。春天的 3 月下旬 ~4 月上旬和秋天的 9 月中、下旬是播种、定植适期。芜菁和细叶葱的行距为 15 厘米左右。芜菁种以 1 厘米的间隔进行条播。细叶葱的株距为 15 厘米。

【间苗】芜菁在真叶 1 片时按株距 3 厘米进行间苗，真叶 3 片时按株距 5 厘米进行间苗。芜菁开始膨大时，进一步间苗使株距在 10 厘米左右。间苗拔出的菜也可以吃。

【追肥】不需要追肥。

【采收】芜菁长到适当大小时可依次采收，细叶葱从植株基部 3~5 厘米处切割即可，叶还能长出来。

要点

细叶葱如果是幼苗，把 3 株合起来栽能生长得很好。如果移植大苗可栽 1 株。在芜菁采收后，挖出细叶葱，可再移栽到别的场所培育。

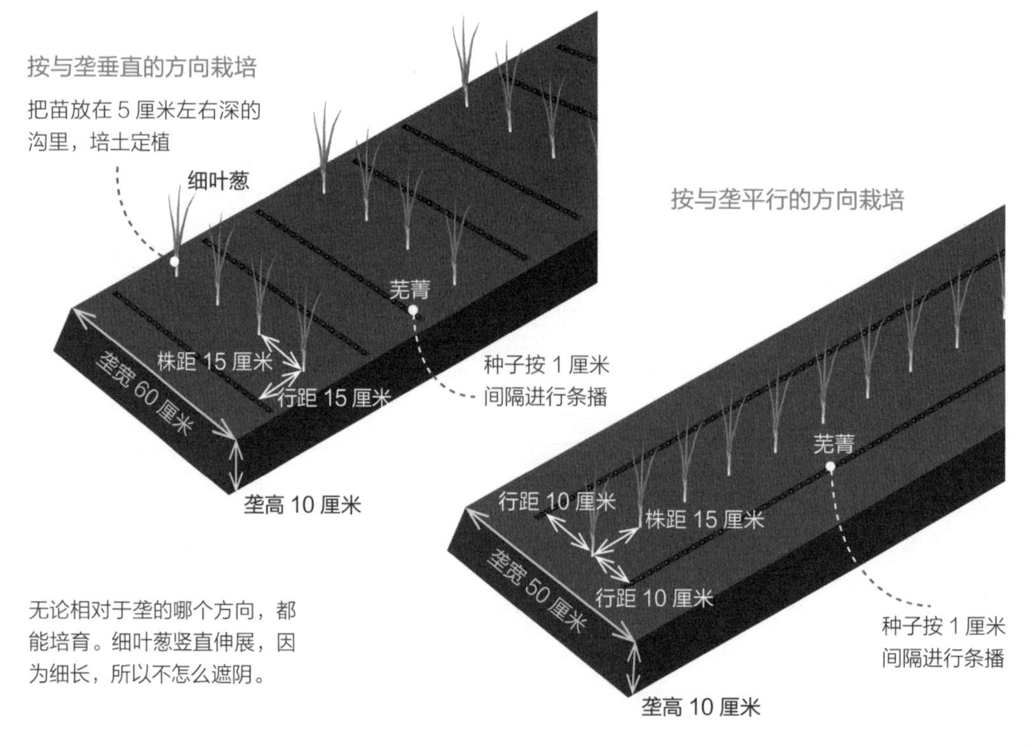

无论相对于垄的哪个方向，都能培育。细叶葱竖直伸展，因为细长，所以不怎么遮阴。

芜菁 X 绿叶生菜

菊科植物的清香味可阻止菜粉蝶、小菜蛾等成虫飞来产卵

这是十字花科的芜菁和菊科的绿叶生菜的组合。因为二者属于不同科，所以可互相驱避害虫。尤其是在芜菁上会发生的菜粉蝶、小菜蛾的幼虫，由于在近处栽了绿叶生菜，菜粉蝶和小菜蛾的成虫就不飞来产卵了。另外，在绿叶生菜上寄生的蚜虫，也会因为不喜欢芜菁的气味而不来为害。

每隔 4~5 行的芜菁栽 1 行绿叶生菜，就很有效果。绿叶生菜横向扩展，所以株距比芜菁的稍微宽一点儿就行。

应用：可用同样属菊科的茼蒿代替绿叶生菜；用小白菜、小油菜、野油菜等代替芜菁也很有效果。

栽培流程

【品种选择】对芜菁、绿叶生菜品种的选择都没有什么特别的要求。因为害虫不喜欢红色，所以推荐用紫叶生菜。

【整地】在播种 3 周前施发酵好的堆肥和饭菜渣精制肥后耕地，然后起垄。

【播种、定植】芜菁的播种和绿叶生菜的定植可同时进行。春天的 3 月下旬 ~4 月上旬和秋天的 9 月中、下旬是播种、定植适期。芜菁和绿叶生菜的行距为 20 厘米左右。芜菁种子按 1 厘米的间隔进行条播。绿叶生菜的株距 15 厘米。

【追肥】不需要追肥。

【采收】芜菁的采收参照第 70 页。绿叶生菜若从外面的叶摘取，能长时间地采收；也可从植株基部切割，采收整株。

要点

这组混栽到秋天时特别有效果。芜菁还没长大时如果发生害虫为害，就不能有收获了。若是直接定植绿叶生菜苗，可先使之生长。

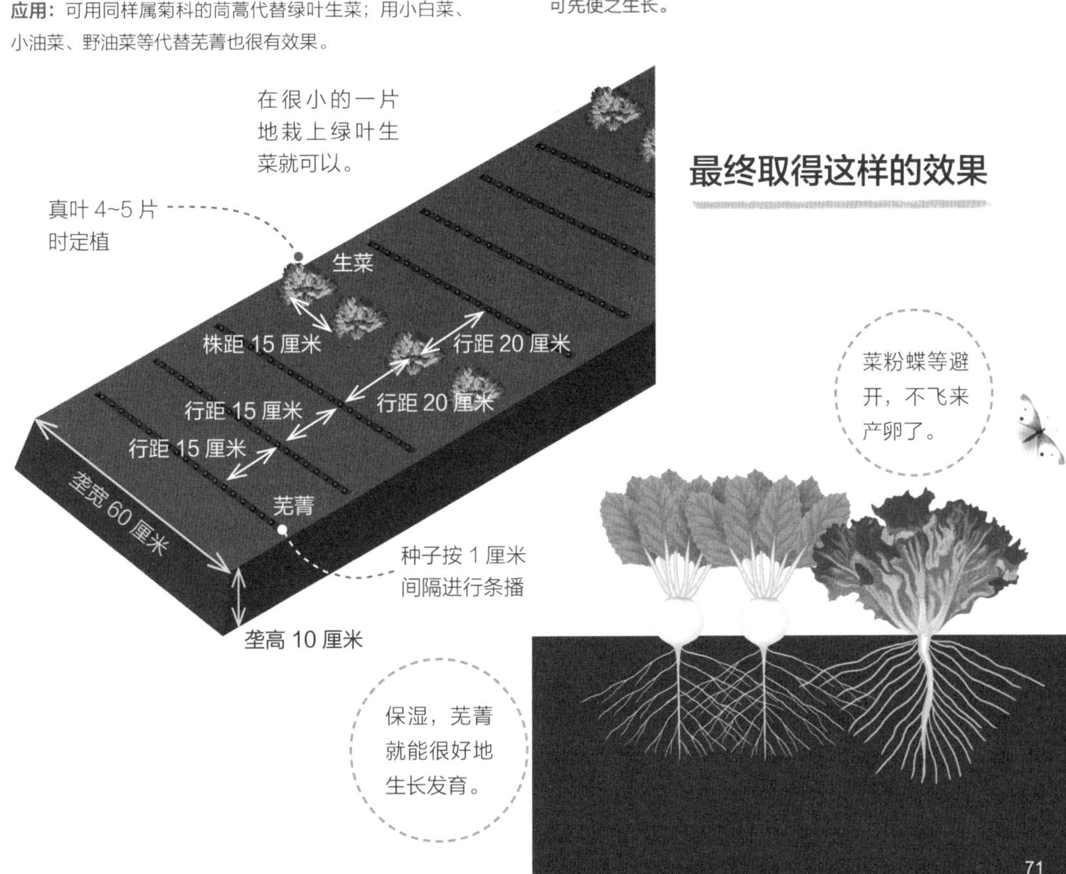

萝卜 X 万寿菊

万寿菊的地上部可防止害虫飞来，根部可减少根腐线虫

万寿菊的地上部有独特的清香味，可驱避十字花科蔬菜上的菜粉蝶、小菜蛾、猿叶虫等害虫。

害虫的为害随着气温的上升而加重，很难栽培的在 6 月中旬播种的夏萝卜，因为和万寿菊的混栽发挥了很好的驱避效果。就连 9 月播种的冬萝卜，在生长发育初期这关键的生长时期也抑制了害虫的为害。

另外，根腐线虫会使萝卜的表面产生黑斑，导致品质下降，而如果把万寿菊和萝卜混栽，就可把萝卜根部的根腐线虫吸引过去并杀灭。

应用：万寿菊的地上部有驱虫效果，也可和茄科的茄子、甜椒，十字花科的甘蓝、嫩茎花椰菜、白菜等混栽。作为预防根腐线虫的对策，胡萝卜和牛蒡也可与万寿菊混栽。

栽培流程

【品种选择】对萝卜品种的选择没有什么特别的要求。比起万寿菊法国种，还是非洲种的伴生栽培效果更明显。

【整地】在播种萝卜 3 周前进行整地起垄。可不用施堆肥和基肥。

【播种、定植】每个穴点播 5~7 粒萝卜种。若想自己培育万寿菊苗，可在 4 月上旬以后播种，在其真叶 4~5 片时就能定植。

【间苗】萝卜在真叶 1 片时进行间苗，留 3 株，真叶 3~4 片时留 2 株，真叶 6~7 片时留 1 株。

【追肥】不需要追肥。

【培土】如果培育的是青萝卜，其根露出地面时，就要进行培土。

【采收】应根据萝卜品种适合的天数进行采收，一般培育需要 60~70 天。秋天迟播的会需更长时间。

要点

若根腐线虫发生严重，从春天到夏天对万寿菊进行密植，作为绿肥锄入土壤后，等 3 周左右即可进行萝卜的秋播。每隔几年都这样操作 1 次，便可进行萝卜连作，一年到头都可以栽培萝卜。

萝卜 X 芝麻菜

栽培天数短的蔬菜，可再培育一种

利用萝卜的株间、行间再培育 1 种蔬菜，可增加收益。萝卜从播种到收获一般需 60~70 天。若在 9 月下旬以后播种，需要的天数还会更长。芝麻菜在秋天稍晚些时候播种也行，只需 30~40 天就能收获。

芝麻菜的清香味、辣味都很强，因为害虫几乎不来为害，所以萝卜也受到了保护。到长大的芝麻菜采收结束时，萝卜的叶长大并展开，进入根的膨大期。

应用：可以在萝卜的旁边培育生育期短的小芜菁。因为小芜菁的叶也很好吃，因此可不断地利用间苗拔出的菜。

栽培流程

【品种选择】对萝卜、芝麻菜品种的选择都没有什么特别的要求。

【整地】在播种 3 周前起垄。不施堆肥和基肥。

【播种】每个穴点播 5~7 粒萝卜种。芝麻菜种以 1 厘米的间隔进行条播或撒播。

【间苗】萝卜的间苗参照上一组合。芝麻菜，当其真叶出来时，就可开始间苗收获。真叶 1 片时株距 3 厘米，真叶 3 片时株距 5 厘米，最终的目标是株距 10 厘米。小心谨慎地进行间苗，拔出的菜可做凉拌菜。

【追肥】不需要追肥。

【采收】萝卜的采收参照上一组合。芝麻菜在播种后经 40 天左右就可全部收获。

要点

秋天生长的繁缕和十字花科蔬菜很投缘，不用拔除，让其生长覆盖地表，可代替地膜覆盖，具有保湿的作用。在萝卜的行间培育芝麻菜，可以说是代替了繁缕。

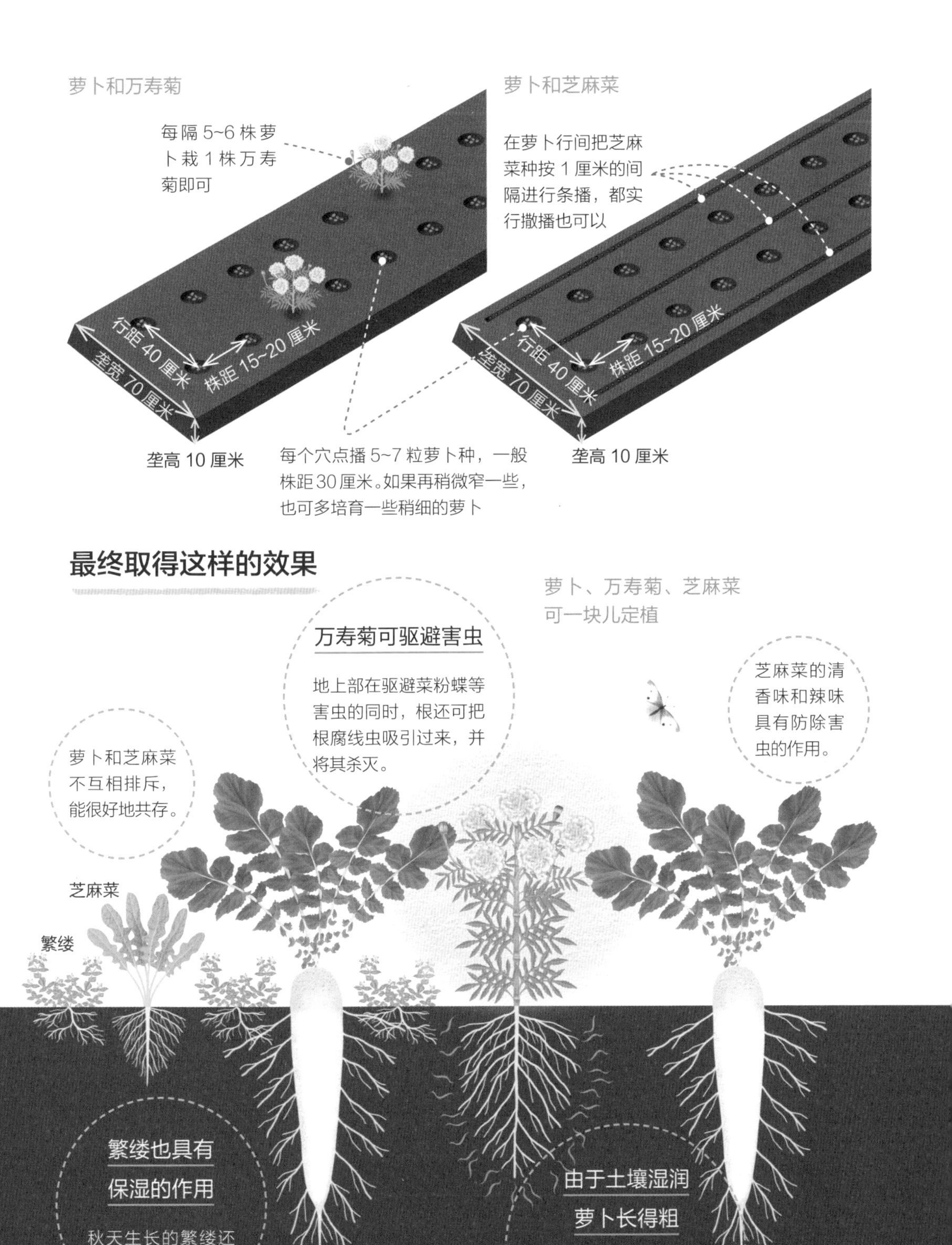
萝卜和万寿菊
每隔5~6株萝卜栽1株万寿菊即可
行距40厘米
株距15~20厘米
垄宽70厘米
垄高10厘米
萝卜和芝麻菜
在萝卜行间把芝麻菜种按1厘米的间隔进行条播，都实行撒播也可以
行距40厘米
株距15~20厘米
垄宽70厘米
垄高10厘米
每个穴点播5~7粒萝卜种，一般株距30厘米。如果再稍微窄一些，也可多培育一些稍细的萝卜
最终取得这样的效果
萝卜、万寿菊、芝麻菜可一块儿定植
万寿菊可驱避害虫
地上部在驱避菜粉蝶等害虫的同时，根还可把根腐线虫吸引过来，并将其杀灭。
芝麻菜的清香味和辣味具有防除害虫的作用。
萝卜和芝麻菜不互相排斥，能很好地共存。
芝麻菜
繁缕
繁缕也具有保湿的作用
秋天生长的繁缕还能起到保湿的作用。
由于土壤湿润萝卜长得粗
在萝卜的株间、行间，芝麻菜起到保湿的作用，可促进萝卜的膨大。

红萝卜 X 罗勒

短期栽培型的红萝卜，因罗勒的清香味可使其不被害虫为害

红萝卜的栽培期为 40 天左右，时间较短。栽培虽然不费时间，但是在其生长期间会有很多害虫为害。红萝卜的叶不怎么食用，但是如果遭受蚜虫、萝卜食心虫、菜粉蝶幼虫、小菜蛾幼虫、棉铃虫等为害，因为其栽培期很短，又不能恢复正常生长，从而生长发育变差，根还没有膨大就变硬了。

在红萝卜播种的同时，在近处栽上紫苏科的罗勒苗，其独特的清香味从生长发育的初期就开始守护着红萝卜免受害虫的为害。每隔 50 厘米栽 1 株罗勒，就可充分地发挥效果。

应用： 除了十字花科外，罗勒还可和生菜、茼蒿等菊科、茄子和番茄等茄科植株混栽。

栽培流程

【品种选择】 对红萝卜、罗勒品种的选择都没有什么特别的要求。

【整地】 如果土壤肥沃，就不需要整地。如果土壤不肥沃，则在播种 3 周前施发酵好的堆肥和饭菜渣精制肥后耕地，然后起垄。

【播种、定植】 红萝卜，春天的 3 月中旬 ~5 月下旬、秋天的 8 月下旬 ~10 月下旬是播种的适期，将种子按 1 厘米的间隔进行条播，或者在每个穴点播 3 粒。罗勒在真叶 4~6 片时定植；若先育苗，在 3 月上旬于装土的塑料钵内撒播，然后撒上薄薄的一层土，使其发芽；也可使用出售的苗。

【间苗】 对红萝卜进行间苗，应按真叶 1 片时株距 2~3 厘米，真叶 3 片时株距 5~6 厘米。

【摘心】 罗勒的叶有8~10片（4~5节）时，把上面的2节切掉，从下面的节上又会伸出侧芽，伸长后同样地切掉顶端，再增加茎数。如果有蕾了，注意采摘，就可长时间地采收柔软的叶。

【追肥】 不需要追肥。

【采收】 红萝卜播种后经 40 天左右就可长大采收。如果拔晚了，有的会出现裂纹，有的则变硬。

要点

红萝卜栽培结束后，可将罗勒移栽到其他地方。如果摘下侧芽进行扦插，就能简单地繁殖植株。

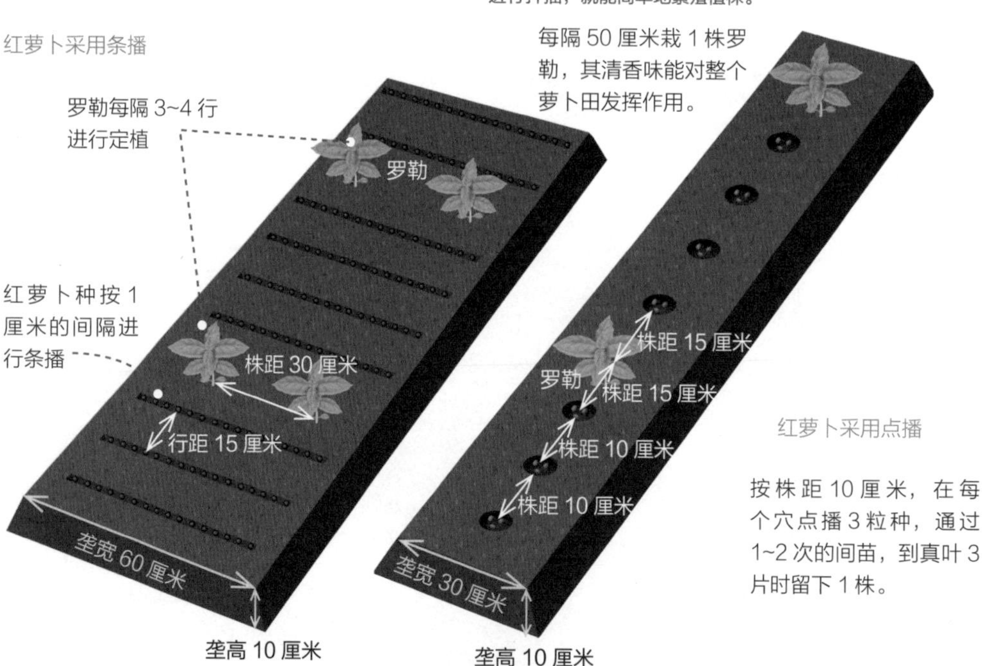

胡萝卜 X 毛豆

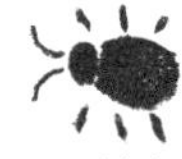

夏播秋收蔬菜的名搭档，在肥料养分少的田地也能很好地生长发育

二者都是在初夏播种进行培育。胡萝卜具有伞形科独特的清香味，可使为害毛豆的椿象等害虫不愿前来。另外，凤蝶幼虫对胡萝卜的为害也会被抑制。

在整地施肥时，如果施用了未腐熟的有机物并残存，胡萝卜表面就会变脏，品质下降。肥料养分合适的情况下胡萝卜长得粗、好吃。因此，应先栽培即使是在不肥沃的土壤上也能生长得很好的毛豆，由于在其根上共生的根瘤菌具有固氮作用，会使土壤逐渐地变肥沃，胡萝卜就可吸收用于自身的生长发育。毛豆的根上还容易共生菌根菌，菌丝伸展和胡萝卜的根形成完整的群落，能为其供给养分。在毛豆开花时，胡萝卜的叶伸展，会使土壤保湿，坐花、坐果会变得更好。

栽培流程

【品种选择】 对胡萝卜品种的选择没有什么特别的要求。毛豆的早熟品种和中熟品种使用方便。如果胡萝卜稍晚一点儿播种，毛豆就选择晚熟品种。

【整地】 在毛豆播种3周前起垄，堆肥和基肥都不用施。

【播种】 毛豆采用直播时，每个穴播 3 粒种，真叶平均 1.5 片时进行间苗，留下 2 株。在间苗的同时或稍晚一点儿播胡萝卜种，若胡萝卜在 6 月下旬 ~7 月中旬播种，到 10~11 月就可收获。

【间苗】 胡萝卜的参照第 76 页。

【追肥】 不需要追肥。

【培土】 把走道的土分几次向毛豆的植株基部培土，不定根的伸展和生长发育会变得更好。

【采收】 毛豆荚中的豆膨大时就可采收。因为各品种的栽培天数是确定的，所以遵从其生育期进行采收。胡萝卜播种后 100~120 天是采收适期，只要根长粗时就可采收。

要点

毛豆采收结束后，将植株地上部割掉并铺在垄上，代替地膜覆盖使土壤保湿，胡萝卜能因此稳定地生长发育。

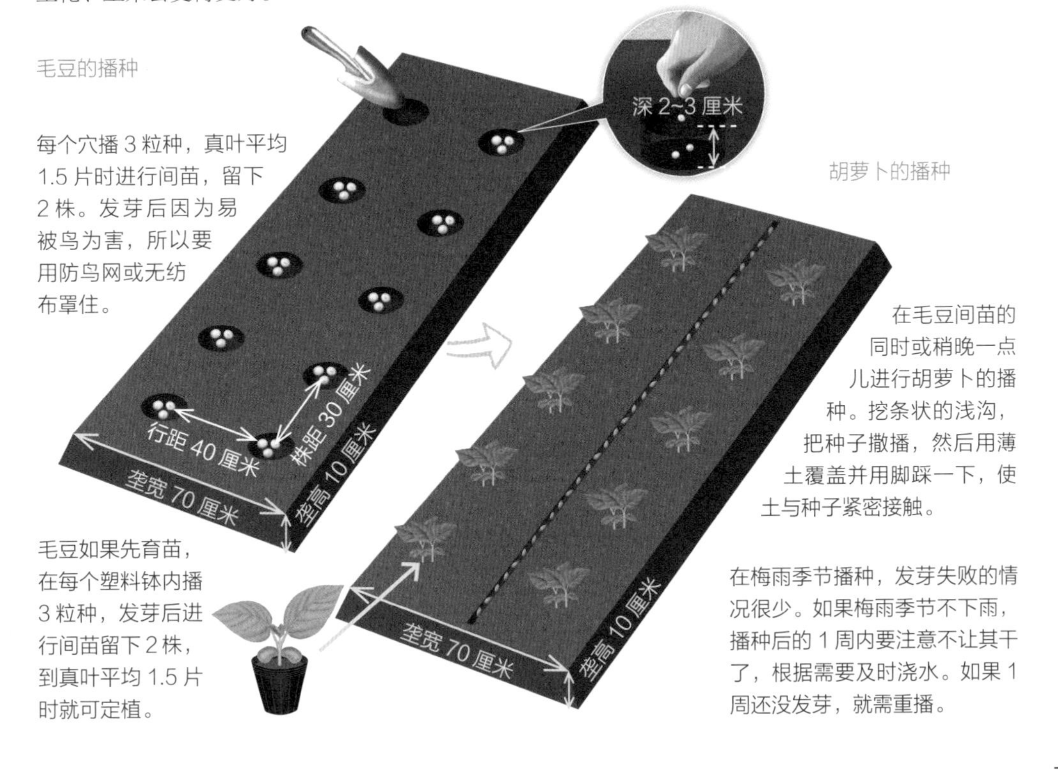

胡萝卜 X 萝卜、红萝卜

驱避害虫

促进生长发育

把不同科的根菜类进行组合，在同一垄上进行培育

胡萝卜、萝卜都是直根系蔬菜，不会引起竞争，在肥料少的土壤中也能很好地生长，所以可以在同一垄上混栽。虽然都是根菜类，但是胡萝卜属伞形科，萝卜属十字花科，因为是不同的科，所以能互相驱避害虫。其结果是能防止为害萝卜的黄凤蝶飞来产卵，幼虫为害也就少了，还可抑制菜粉蝶和小菜蛾等的幼虫、蚜虫的为害。

从播种到收获，胡萝卜需 100~120 天，萝卜需 60~70 天。春天播种时，3 月下旬 ~4 月中旬可同时播种胡萝卜和萝卜；夏天播种时，7 月中旬 ~8 月中旬播种胡萝卜，9 月播种萝卜。

栽培流程

【品种选择】春播时都选耐寒的品种。若从夏天到秋天播种，对胡萝卜和萝卜品种的选择都没有什么特别的要求。

【整地】在播种 3 周前进行起垄，可不施堆肥和基肥。

【播种】胡萝卜采用条播。萝卜按每个穴播5~7粒种。

【间苗】胡萝卜，在株高 4~5 厘米时间苗，株距 5~6 厘米；在根粗 5 毫米时再次间苗，株距 10~12 厘米。萝卜真叶 1 片时留 3 株，真叶 3~4 片时留 2 株，真叶 6~7 片时留 1 株。

【追肥】不需要追肥。

【采收】胡萝卜播种后 100~120 天采收适期，只要根长粗时就可采收。萝卜根据各品种的栽培天数进行采收。

要点

9 月到秋分前后播种，害虫的为害就少。这种情况下胡萝卜、萝卜可同时播种。萝卜在 12 月上、中旬，胡萝卜在 12 月下旬 ~ 第 2 年 2 月收获时，因寒冷使糖分得到凝缩，从而变得美味可口。

胡萝卜 X 芜菁、小白菜

驱避害虫

促进生长发育

以叶互相接触的距离进行培育，使害虫不能靠近

这也是伞形科和十字花科蔬菜的组合。因为能互相驱避害虫，培育时可比上个组合缩小行距，使胡萝卜和芜菁的叶以能相接触的距离进行。

因为芜菁、小白菜都是播种后 50~60 天就能收获，所以要和胡萝卜的栽培期相重叠，稍微错开一点儿播种即可。春播时，在胡萝卜播种开始的 3 月下旬 ~6 月上旬（第 2 次间苗）前后，就可播种芜菁或小白菜。从夏天到秋天，先播种胡萝卜，在 9 月 ~10 月上旬再播种芜菁或小白菜。

栽培流程

【品种选择】春播时要选耐寒冷的品种。从夏天到秋天播种时，对品种选择没有什么特别的要求。

【整地】在播种 3 周前起垄，不施堆肥和基肥。

【播种】都采用条播。小白菜也可采用点播。

【间苗】胡萝卜的间苗参照上一组合。芜菁在真叶 1 片时进行间苗，株距 3 厘米，真叶 3 片时株距 5 厘米。芜菁膨大开始时，再进行间苗，株距 10 厘米左右。

【追肥】一般不需要。芜菁或小白菜的叶有发黄等情况，如果生长发育变差了，可施少量的饭菜渣精制肥。

【采收】胡萝卜的采收参照上一组合。芜菁长到适当大小时，小白菜植株基部的叶变厚时，就可采收。

要点

相对于垄横着条播，胡萝卜、芜菁、小白菜数行交互地栽培，也能得到很好的除虫效果。

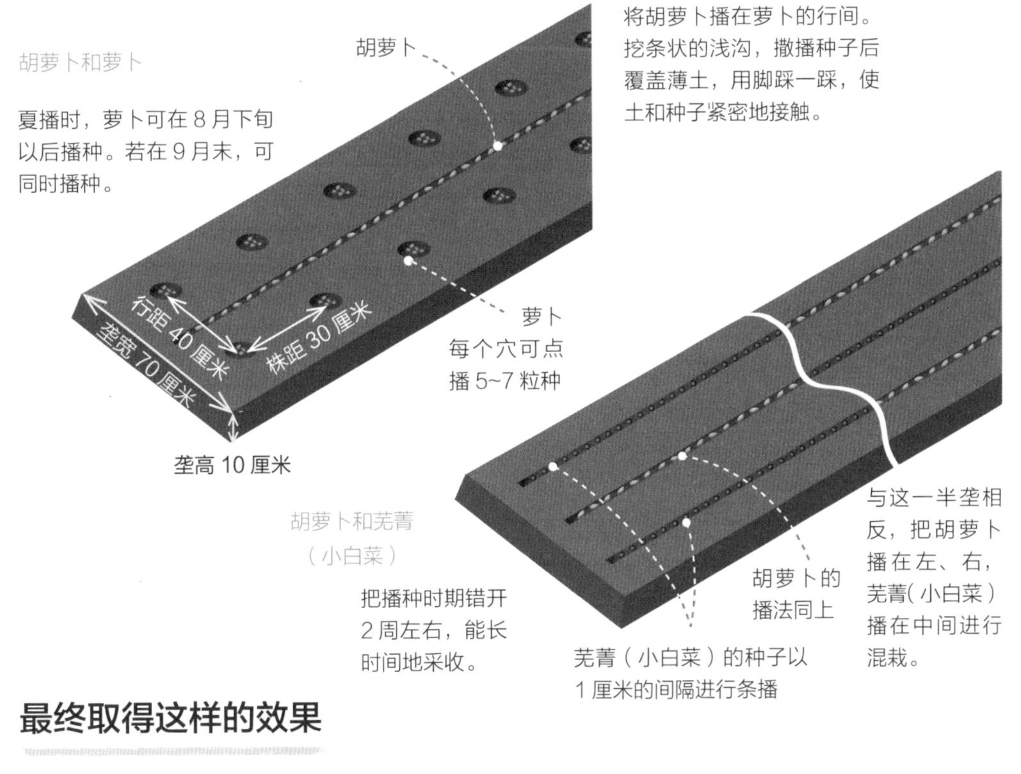
胡萝卜和萝卜
夏播时，萝卜可在 8 月下旬以后播种。若在 9 月末，可同时播种。
胡萝卜
将胡萝卜播在萝卜的行间。挖条状的浅沟，撒播种子后覆盖薄土，用脚踩一踩，使土和种子紧密地接触。
行距 40 厘米
株距 30 厘米
垄宽 70 厘米
垄高 10 厘米
萝卜
每个穴可点播 5~7 粒种
胡萝卜和芜菁（小白菜）
把播种时期错开 2 周左右，能长时间地采收。
胡萝卜的播法同上
芜菁（小白菜）的种子以 1 厘米的间隔进行条播
与这一半垄相反，把胡萝卜播在左、右，芜菁(小白菜)播在中间进行混栽。

最终取得这样的效果

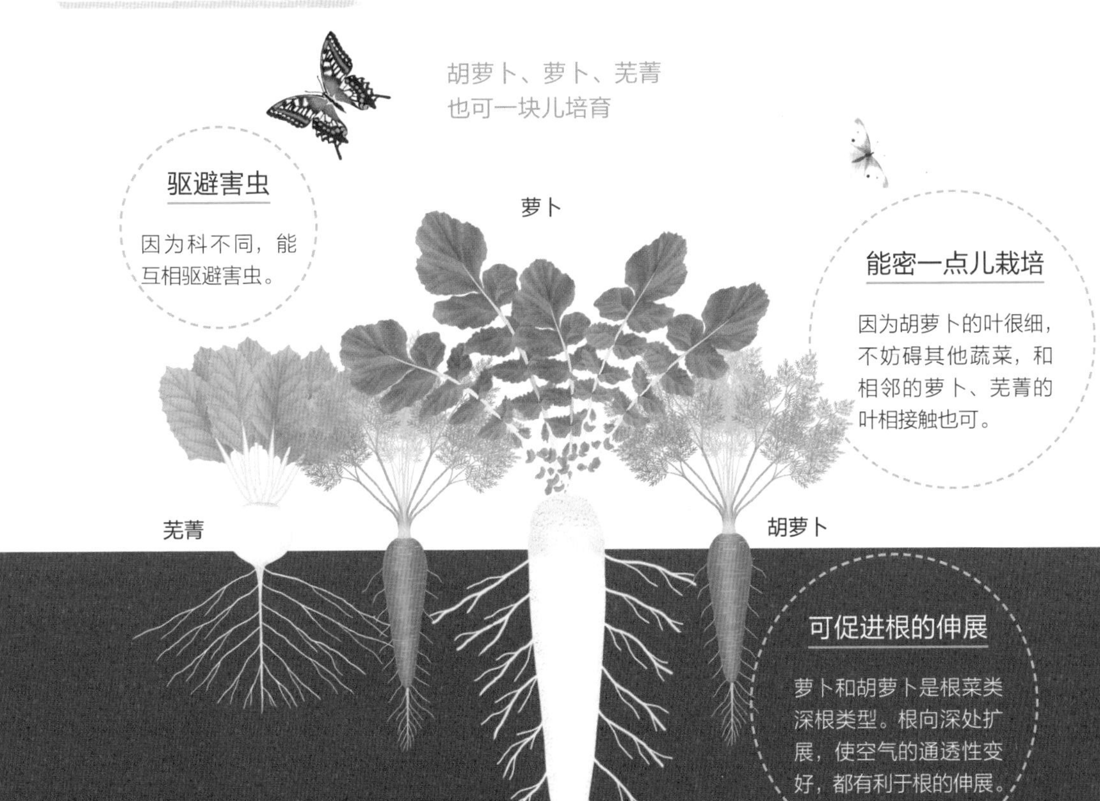
胡萝卜、萝卜、芜菁
也可一块儿培育
驱避害虫
因为科不同，能互相驱避害虫。
萝卜
能密一点儿栽培
因为胡萝卜的叶很细，不妨碍其他蔬菜，和相邻的萝卜、芜菁的叶相接触也可。
芜菁
胡萝卜
可促进根的伸展
萝卜和胡萝卜是根菜类深根类型。根向深处扩展，使空气的通透性变好，都有利于根的伸展。

甘薯 X 红紫苏

促进生长发育　有效利用空间　驱避害虫

用吸肥力强的红紫苏，可防止甘薯茎蔓徒长

这是适合肥沃土壤的混栽组合。在甘薯叶、蔓上的共生菌，因为具有固氮作用，所以在肥料养分少的土壤中也能很好地生长发育。相反地，在肥料养分多的土壤中栽培，会引起蔓徒长，地下块根不膨大，或即使是形成了块根，其水多也会过多。

因此混栽吸肥能力强的红紫苏，能适当地从土壤中争夺一下养分，使甘薯蔓不会徒长，叶和蔓制造的养分才会转向块根使之膨大。

再有一点就是具有驱除害虫的作用。蛴螬为害地下块根，但其成虫金龟甲不喜欢红紫苏的红叶，不来产卵，从而抑制了为害。

栽培流程

【品种选择】 对甘薯品种的选择没有什么特别的要求。红紫苏以外的紫苏，因叶色驱避害虫的效果不理想，不推荐使用。

【整地】 在栽苗的 2 周前进行起垄，起高垄为好。

【扦插、定植】 4 月下旬 ~5 月下旬，把甘薯苗（插穗）从顶端带着 4 片叶左右，不要弄掉叶而插入土中；纵插时可获得又圆又大又甜的块根，横着扦插时会获得较多的细长的块根。将红紫苏栽在甘薯的株间，可用出售的苗，也可在定植 30 天前把种播在塑料钵内，进行育苗。

【追肥】 不需要追肥。

【反蔓】 蔓在生长过程中，其节与地面接触时会长出根。蔓顶端制造的养分不能流转到植株基部，块根就不膨大，所以要经常进行反蔓。

【采收】 甘薯定植后 110 天左右就可采收。在采收的 2~3 周前进行最后一次反蔓，然后在收获的 1 周前把蔓割掉，使养分向块根流转，这样可获得美味可口的甘薯。如果收晚了，虽然块根还膨大，但色泽、形状、味道都变差。红紫苏随时都可采收。对茎的顶端进行摘心，对伸展的侧芽再进行摘心，植株会浑圆隆起、生长繁茂。

要点

对于肥沃的土壤，前茬一般培育菠菜、小油菜等吸肥多的蔬菜。控制肥料养分，使之不出现残肥是关键。

最终取得这样的效果

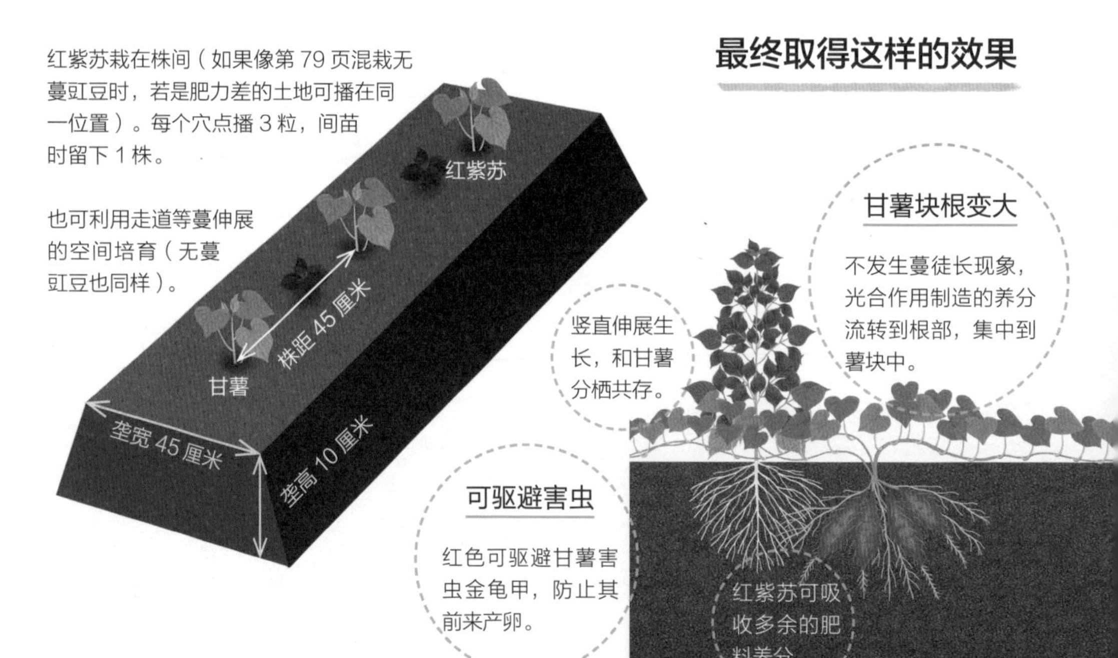

甘薯 X 无蔓豇豆

不肥沃的土壤，因为混栽豆科植物可再收获 1 种蔬菜

甘薯在不肥沃的土壤栽培，其糖分凝缩，能获得美味可口的薯块。在日本德岛县和香川县等地，都是利用河岸地或海岸附近肥料养分易流失的砂质土进行栽培。在这样的场所栽培的薯块表面无损伤，品质优良。

甘薯的蔓占有广阔的面积，利用这些面积还能培育无蔓豇豆。豇豆是豆科植物，在其根上共生着根瘤菌，因为能固定空气中的氮，所以即使是在贫瘠的土壤中也能很好地生长发育。

应用：可利用无蔓菜豆、毛豆等进行混栽。

栽培流程

【品种选择】对甘薯品种的选择没有什么特别的要求。豇豆可选用无蔓豇豆。

【整地】在定植 2 周前进行起垄，垄高一点儿为好。

【扦插、定植】甘薯参照第 78 页。在甘薯的株间，每个穴点播 3 粒无蔓豇豆种。

【间苗】无蔓豇豆在真叶 1~2 片时进行间苗，留下 1 株。

【追肥】不需要追肥。

【采收】甘薯的采收参照第 78 页。无蔓豇豆开花期长，荚陆续地充实饱满，待其干得嘎啦嘎啦响时依次采收。要注意，如果摘晚了，荚中的豆粒易落地。

要点

在肥沃的土壤中，如果甘薯的株间混栽无蔓豇豆，会发生甘薯蔓徒长而结薯块小的现象。在为了使甘薯蔓伸展留的走道等地方，离开植株基部一点儿栽培豇豆即可。

最终取得这样的效果

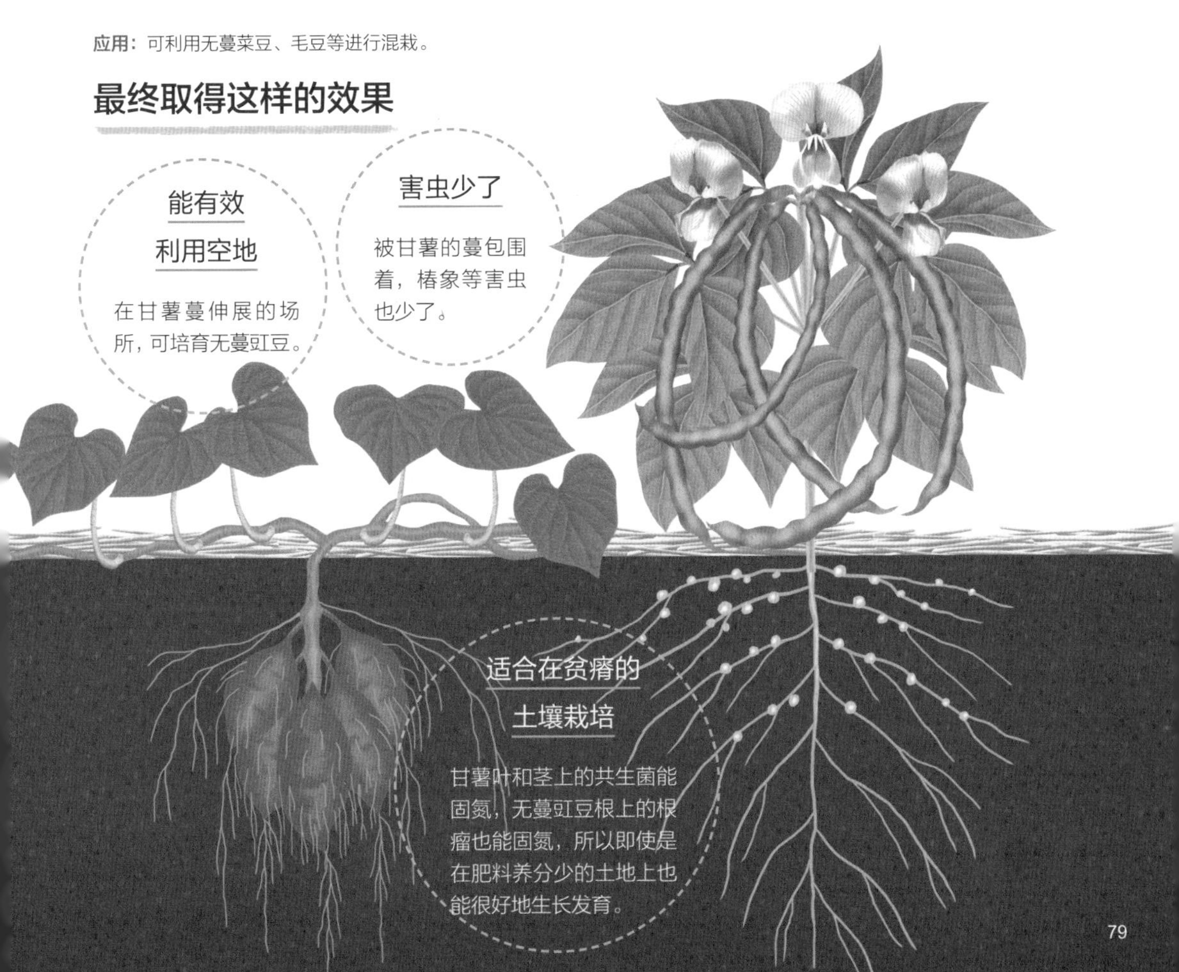

马铃薯 X 芋头

有效利用空间

促进生长发育

为马铃薯培土结束后，在其行间、走道上就可开始栽培芋头

春播马铃薯的采收期为 6 月中旬 ~7 月中旬。后茬能立即培育的蔬菜少，到 8 月下旬秋蔬菜开始栽培的这段时间一般空闲着。这种混栽是在马铃薯生长发育途中就栽培芋头，没有间歇地进行下茬栽培的方法。

马铃薯芽伸展，植株长到 20 厘米左右时进行培土。过 2 周后，一般是 5 月中、下旬再进行第 2 次培土。在这之后，立即在行间或走道低的地方栽芋头。因为位置低，不仅土壤中保持着充足的水分，而且温度上升快，能快速地进入生长适温，所以芋头很快就发根。2~3 周后芽就开始伸展。

在收获马铃薯的时候，芋头的茎也伸展出很多，把收获马铃薯时弄碎的垄上的土培到芋头植株基部。

栽培流程

【品种选择】对马铃薯、芋头品种的选择都没有什么特别的要求。

【整地】在定植马铃薯 3 周前耕好地。如果不是特别贫瘠的土壤，就不用施堆肥和基肥。

【马铃薯的定植】把马铃薯的脐部切掉，再纵切，制成 40~60 克的种薯块。放置几天，待切口干了后就可定植。

【摘芽】如果伸展的芽多，结的马铃薯就很小，所以应把弱芽摘除，留 2~3 个。

【马铃薯的培土】植株长到 20 厘米左右时，进行第 1 次培土，过 2 周后进行第 2 次培土。

【芋头的定植】在马铃薯的行间或走道的中央定植芋头的种块，在种块上覆 5~7 厘米厚的土。

【马铃薯的采收】茎和叶干枯时，就可挖出。

【芋头的培土、追肥】将收获马铃薯时弄碎的垄上的土培到芋头植株基部。在土表面施饭菜渣精制肥或稻壳，轻轻划锄掺入土中。在出梅时不要让土壤干旱了，早一点儿在垄上铺稻草等。

【芋头的采收】11 月上、中旬，在下霜之前采收。

要点

因为芋头即使在 6 月下旬定植也能收获，所以可培育马铃薯的早熟品种，收获后立即栽上芋头。

1 马铃薯的定植

◎ 种薯的准备

把脐部切掉。

脐部

着生多个芽的顶芽

再进行纵切，制成40~60克的种薯。

放置几天，待切口干了之后就进行定植。

把土填回。

切口向下放置，和土密切接触

5~7 厘米

深10 厘米

◎ 定植

走道

垄宽 50 厘米

垄高 15 厘米

70厘米

垄宽 50 厘米

株距 30 厘米

走道

垄高 15 厘米

2 马铃薯的培土和芋头的定植

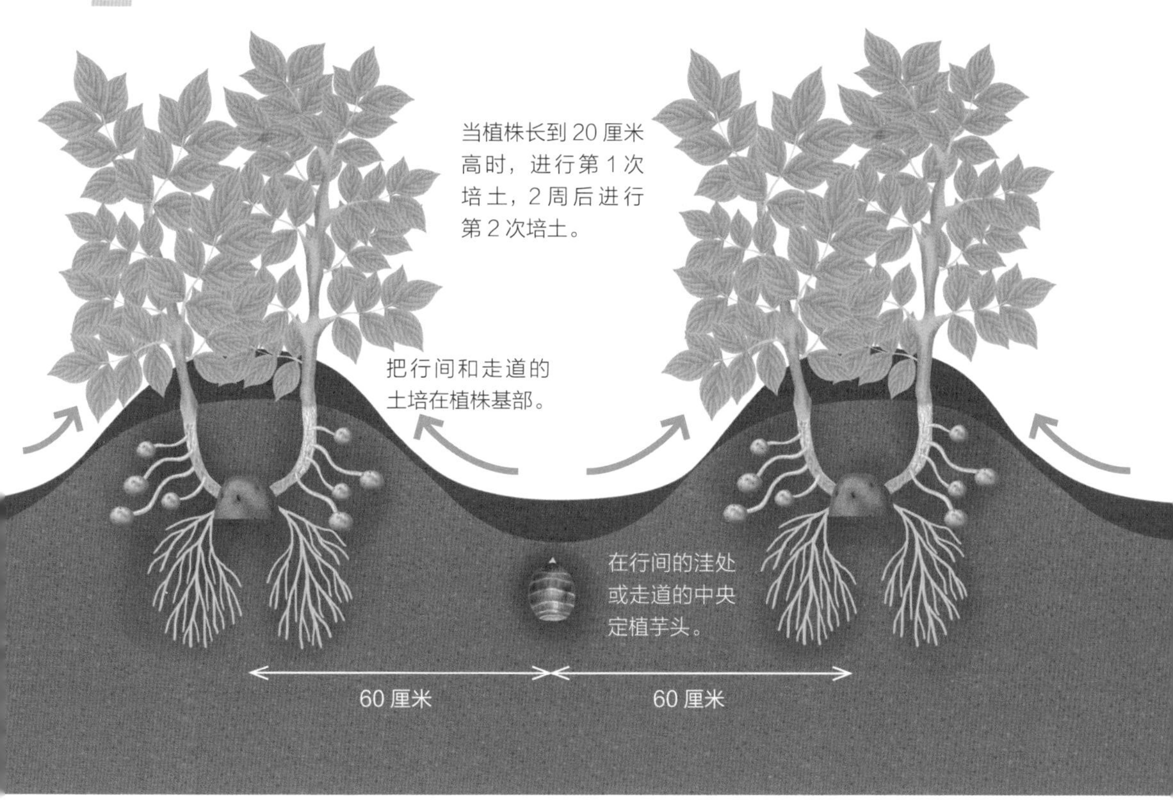

3 马铃薯的采收和芋头的培土

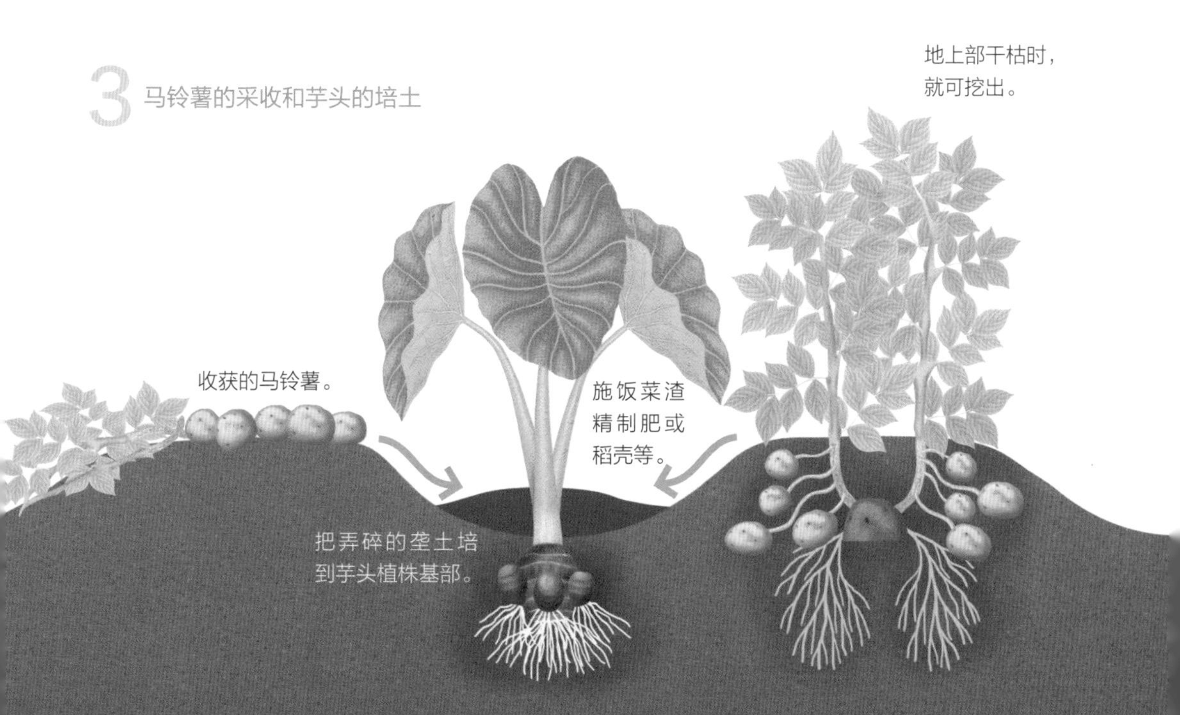

马铃薯 X 藜、白藜

活用田地里生长的杂草，培育耐病性强的植株

为了栽培马铃薯，如果在 2 月下旬 ~3 月上旬耕地起垄，从春天到夏天的杂草藜、白藜就会生长起来。因为它们都是直根性，根向深处扎，叶覆盖地表保湿，所以可促进马铃薯的生长。另外，泥土飞溅会减少，疫病的发生也减轻了。

马铃薯病毒病的发生也会被抑制。病毒是由蚜虫作为媒介传播的，藜、白藜被蚜虫吸取汁液后即使感染了病毒，也只是被为害的部分细胞坏死而不扩大。蚜虫多次反复地吸取汁液，则病毒减少而无毒化，之后转移到马铃薯上吸取汁液，也不会再传染病毒病。

栽培流程

【品种选择】对品种的选择没有什么特别的要求。

【整地】在马铃薯定植 3 周前就耕好地。如果不是很贫瘠的土壤，就不用施堆肥和基肥。

【定植】把马铃薯的脐部切掉，再纵切制成 40~60 克的种块。放几天，待切口处干了之后就可定植。把切口向上放置（逆植），以后的生长发育更好，产量也增加。

【摘芽】参照第 80 页。逆植时，一般地会自然地选择留下生长势强的 2~3 个芽，所以不需要摘芽。

【马铃薯的培土】当植株长到 20 厘米左右时，进行第 1 次培土，2 周后进行第 2 次培土。

【追肥】不需要追肥。

【采收】地上部分干枯时，就可挖起。

要点

在日本北海道，很早就进行羊蹄的草生栽培，以收获秋天的马铃薯。羊蹄在为异色瓢虫等益虫提供场所的同时，还可提高土壤温度，保持土壤水分。而且羊蹄含养分多，植株长高时，割掉铺在地上可作为绿肥。

◎ 马铃薯的逆植

芽从下面出来，向上伸展，因此经受了适当的抗逆性锻炼，所以抗逆性提高，对病虫害、气候的应对能力增强。

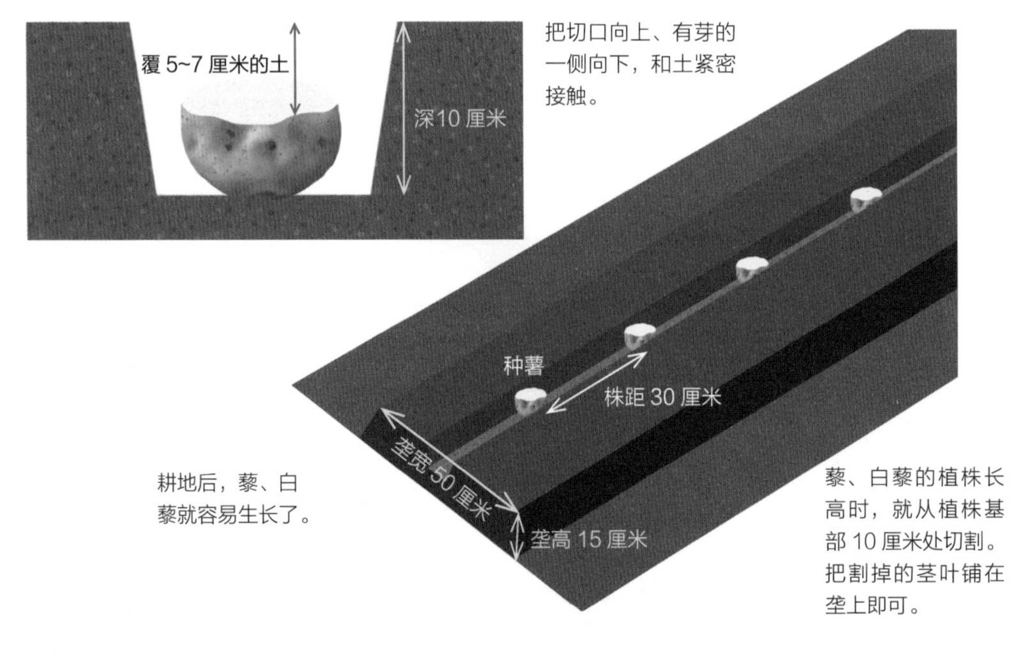

秋马铃薯 × 西芹

有效利用空间

促进生长发育

在马铃薯行间的遮阴处，培育柔软可口的西芹

这与马铃薯和芋头的组合（参照第 80 页）一样，是在马铃薯的行间再培育 1 种蔬菜的培育方法。只不过不同的是在这个组合中，不是“春马铃薯”，而是“秋马铃薯”。

秋马铃薯一般在 9 月上旬定植，11 月下旬 ~12 月中旬地上部完全干枯之后就可采收。西芹在 7 月上旬 ~9 月上旬定植，采收期在 11 月上旬 ~12 月中旬，所以在秋马铃薯的栽培期间正好适合。

利用西芹在水分丰富、经常遮阴的环境中有点儿徒长的性质，是培育的关键。特别是在栽培的后半阶段，要进行遮光栽培，叶柄变白，可培育出既柔软又美味可口的西芹。若在秋马铃薯的行间培育，正是太阳光线角度低的时期，遮阴的时间长，因为处在行间低的位置所以水分也丰富，自然能培育出品质优良的西芹来。

栽培流程

【品种选择】马铃薯选“出岛”“红安第斯”等适合秋栽的品种。对西芹品种的选择没有什么特别的要求。

【整地】在定植 3 周前进行耕地并起垄，不施堆肥和基肥。栽西芹的行间也要翻耕。

【定植】需要秋马铃薯的种薯 40~60 克，如果将其切开，易腐烂，所以用这个大小的整个种薯定植。将西芹栽在马铃薯的行间。

【马铃薯的培土】植株长到 20 厘米左右时，进行第 1 次培土，2 周之后进行第 2 次培土。

【追肥】定植西芹 1 个月后追施少量的饭菜渣精制肥，以后每 3 周进行 1 次追肥。西芹生长快会多少有点儿徒长，叶柄也柔软。

【采收】如果马铃薯地上部干枯了，就可一次性挖出。要注意持续低温，容易发生冻伤。西芹的植株长到 30 厘米以上就可收获，可从植株基部切割整株，也可摘取伸长的外叶。

要点

如果易干旱，就在西芹的植株基部铺稻草。另外，若西芹的叶柄不发白，可用纸箱等遮一下植株基部。

40~60 克的种薯不需要切开，将整个定植。

定植完马铃薯之后，再把有 5~6 片真叶的西芹苗栽上

5~7 厘米

马铃薯（株距 30 厘米）

西芹（株距 20 厘米）

垄高 15 厘米

垄宽 50 厘米

行距 70 厘米

垄宽 50 厘米

最终取得这样的效果

芋头 X 生姜

混栽喜欢水分的同类蔬菜，提高产量

芋头和生姜的原产地都是亚洲的热带地域，生长发育的适温为25~30℃，喜欢温度相对较高、水分多的土壤。因为栽培期也几乎相同，可在同一垄上一块儿培育。

在高温多湿的梅雨季节，芋头的叶大幅度伸展，对周围形成遮阴。预先在东西垄栽培的芋头北侧栽上生姜，在出梅后芋头的叶就能形成遮阴，生姜能很好地生长发育。

用南北垄栽培时，芋头的株距和单独栽培时相同，可在它的株间再栽上生姜。芋头和生姜不仅不互相竞争，而且比单独培育时产量都有所提高。

栽培流程

【品种选择】对芋头和生姜品种的选择都没有什么特别的要求。

【整地】在定植3周前耕地起垄，两者在肥料少时都能很好地生长发育。但是如果必要时，还是施发酵好的堆肥和饭菜渣精制肥。

【定植】定植适期在4月中旬~5月中旬。定植芋头种芋，在其上覆5~7厘米的土。把出芽的一侧放在下面采用“逆植”，能旺盛地生长发育，产量更能增加。将生姜栽在芋头的株间，使用的姜块在50克左右，若是大种姜就用手掰断分开，把3块放一块儿定植。

【追肥、培土】芋头茎叶有3片时，和再过1个月后，分别在垄的表面施饭菜渣精制肥和稻壳，轻锄掺混一下。5月下旬~6月中旬进行第1次培土，1个月后进行第2次培土。为了使出梅后的土壤不干旱，要早一点儿在垄上覆盖稻草等进行保湿。如果“逆植”，就不需要培土。

【采收】芋头和生姜都是11月上、中旬在下霜前采收。

要点

生姜结合其用途，可收获嫩姜、成熟姜等。早一点儿收获生姜后，继续培育芋头。

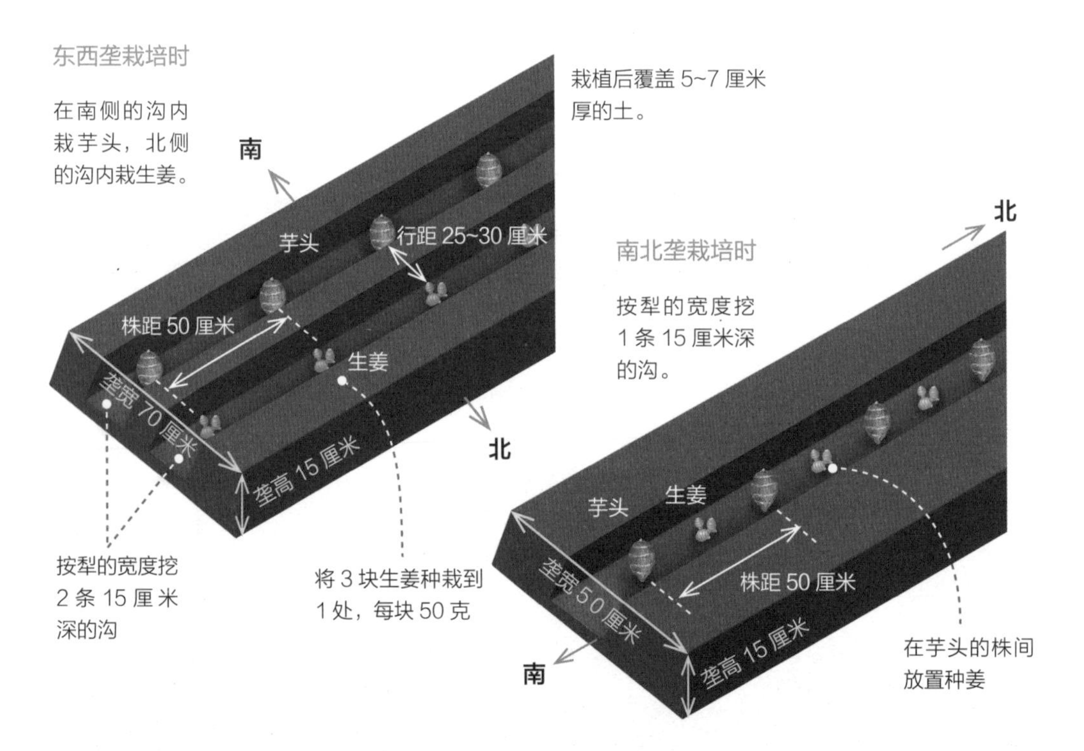

最终取得这样的效果

为生姜遮阴

芋头叶形成遮阴，即使在盛夏土壤也能保湿，生姜能很好地生长发育。

芋头

生姜

二者的食用部分能够很好地生长发育，产量增加。

二者的根都不横向扩展，所以不存在竞争。

芋头 X 萝卜

有效利用空间

促进生长发育

利用芋头的遮阴，培育收益高的夏萝卜

萝卜，在3月下旬~4月下旬播种，6月下旬~7月下旬可收获春萝卜；在8月下旬~9月下旬播种，10月下旬~第2年2月可收获秋萝卜，但其价格一般。夏萝卜不容易栽培，原因就是萝卜的生长发育适温在20℃左右，超过25℃时生长发育就变迟缓，病虫害多发。

利用芋头的遮阴，创造了凉爽的环境，夏萝卜就能培育了。在芋头第2次培土结束后的6月中旬~7月中旬（正值梅雨季节），若在芋头株间或旁边播种萝卜，在出梅时芋头的叶已长大展开，会形成好的遮阴，这样在8月中旬~9月下旬就能获得收益高的夏萝卜。

栽培流程

【品种选择】对芋头品种的选择没有什么特别的要求。萝卜可选择适合夏天栽培、耐病虫害强的品种。

【整地】在芋头定植3周前耕地起垄。虽然肥料养分少时也能很好地生长发育，不过有必要时可施发酵好的堆肥和饭菜渣精制肥。

【芋头的定植】定植适期为4月中旬~5月中旬。定植种芋，在其上覆土5~7厘米。出芽的一侧向下进行“逆植”，生长发育更旺盛，产量可进一步提高。

【芋头的追肥、培土】参照第84页。

【萝卜的播种】6月中旬~7月中旬，在芋头的株间或旁边播种萝卜。为确保出梅时土壤不干旱，需在垄上覆盖稻草等。

【萝卜的间苗】萝卜真叶1片时进行间苗，留3株，真叶3片时留2株，真叶6~7片时留1株。

【采收】萝卜播种后60~70天就能采收。如果收晚了，易形成裂纹或发生病害。芋头在11月上、中旬下霜前采收。

要点

如果是东西垄，要使芋头形成遮阴，就应在北侧播种萝卜。如果是南北垄，在芋头的株间或者在其东侧播种，可避开西晒日头。

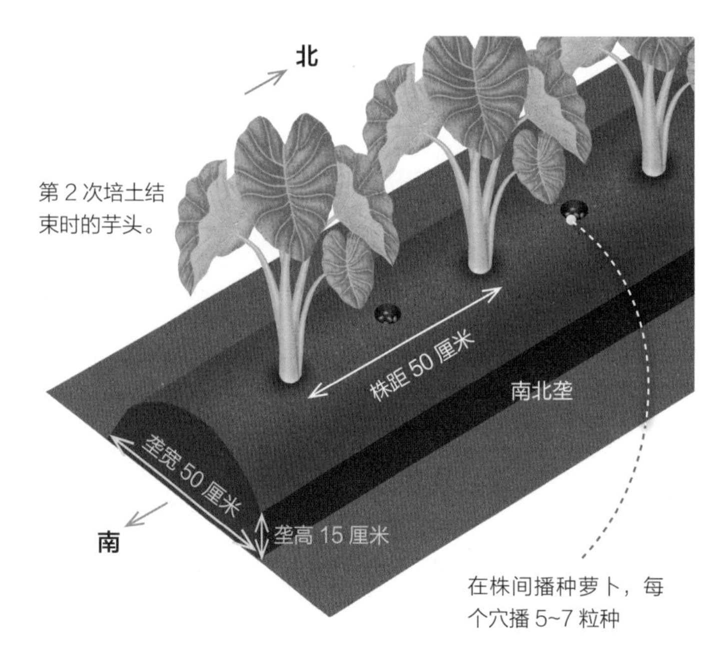

◎ 萝卜的播种

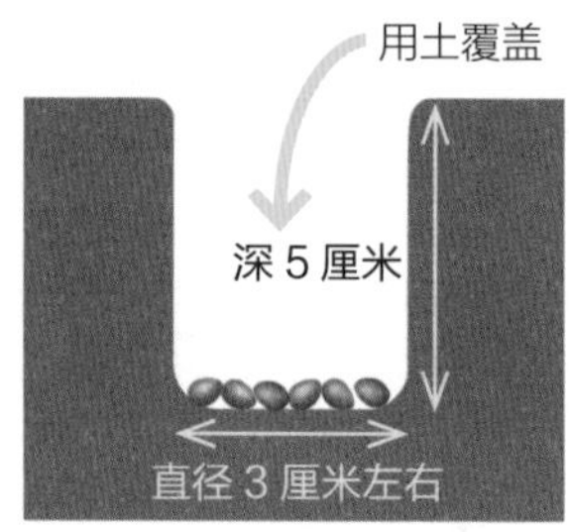

芋头 X 西芹

在植株基部培育又软又白的西芹，同时具有防除害虫的效果

西芹单独在垄上培育时，植株横向扩展，叶和茎发绿，会形成又硬又结实的状态。培育好吃的西芹，其技巧是不使西芹受到强日光照射，不能缺水，应多少有点儿徒长。生产者把食用的叶柄用寒冷纱或纸箱纸等遮住，则培育的西芹又白又软。

简单的方法就是在芋头株间遮阴处培育西芹。原理与芋头和萝卜（参照第 86 页）的组合相同，芋头长大展开的茎叶形成遮阴，西芹自然地培育成直立型，叶柄部分就变软。

西芹和伞形科植物一样具有强的清香味，混栽时具有驱避为害芋头害虫的作用。

应用：也有用荷兰芹代替西芹的培育方法。荷兰芹也是在稍遮阴的地方培育才能不硬、苦味被抑制、品质优良。

栽培流程

【品种选择】对芋头、西芹品种的选择都没有什么特别的要求。

【整地】参照第 84 页。

【芋头的定植】参照第 84 页。

【西芹的定植、播种】在芋头培土结束后，7 月中旬 ~8 月中旬在芋头的株间定植西芹，可利用出售的苗。如果育苗，应在 5 月下旬 ~6 月上旬把种子用水浸泡 1 天后，用湿的滤纸或湿毛巾等包住，放在凉爽的遮阴处促其发根后播种，发芽后，在真叶 3 片左右时即可定植。

【铺稻草】西芹定植后需铺稻草进行保湿。

【采收】西芹植株长到 30 厘米以上就可采收，可从植株基部切割整株，也可摘取外边伸长的叶。芋头在 11 月上、中旬下霜之前就要采收。

要点

要想让西芹的叶柄变白，用纸箱把植株基部遮住即可。

最终取得这样的效果

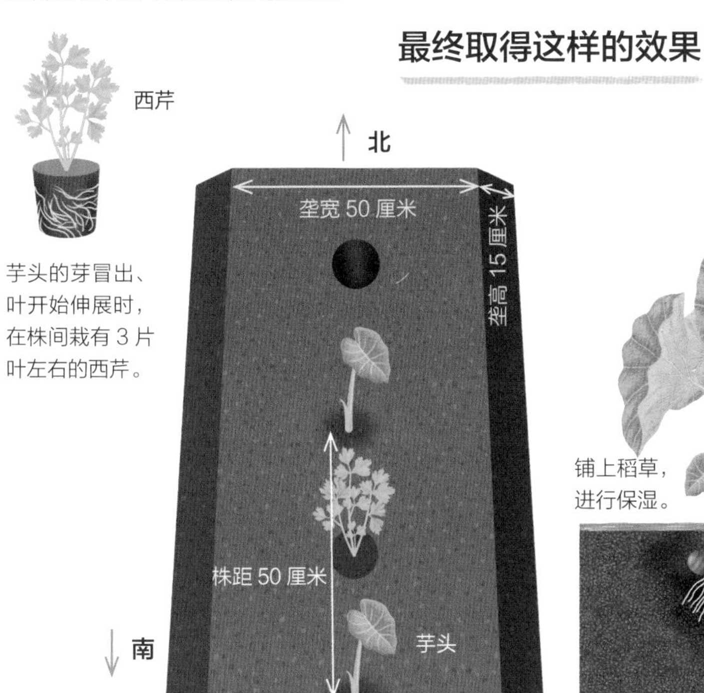

西芹的清香味可驱避为害芋头的蚜虫和斜纹夜蛾等害虫。

西芹在遮阴处直立生长，叶柄部分发白，也很柔软。

铺上稻草，进行保湿。

草莓 X 大蒜

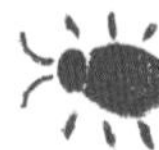

促进生长发育　预防病害　驱避害虫　有效利用空间

草莓的开花期提前而采收期延长，产量增加

在草莓的旁边栽培大蒜，草莓植株有直立生长发育的倾向。春天，草莓的茎和叶伸展，较快地从制造株体的“营养生长”，向开花结果的“生殖生长”转变，可比单独栽培提早1~2周开花，而且着花数增加，使采收期延长，获得的果实也多了。

大蒜素具有杀菌作用，而且在大蒜根上共生的微生物分泌的抗菌物质可抑制草莓的病害（黄萎病、炭疽病、灰霉病等）。另外，草莓上的蚜虫不愿寄生为害，由蚜虫作为传播媒介的病毒病就很少发生了，也为下茬的育苗创造了良好条件。栽植示意图请参照第 89 页。

栽培流程

【**品种选择**】对草莓、大蒜品种的选择都没有什么特别的要求。

【**整地**】在栽植3周前施发酵好的堆肥和饭菜渣精制肥后，进行细致翻耕。

【**栽植**】9月中旬 ~10 月下旬栽草莓苗，同时在草莓的株间或行间种植大蒜。

【**追肥**】11月上旬、第2年2月下旬各施1次饭菜渣精制肥。

【**采收**】大蒜在 4 月前后花茎伸展出来，可在中途拔掉，作为蒜薹利用。草莓从 5 月上旬左右开始可连续采收。大蒜地上部有 8 成左右干枯时，就可采收。

要点

草莓收获后，会陆续地伸出匍匐茎。把匍匐茎顶端的小株（新苗）放在有土的塑料钵中，用别针等固定，可培育下一茬的苗。第 1 个小株有可能从母株上感染病害，所以使用第 2 个或第 3 个以后的小株。在收刨了大蒜的地方移栽上细叶葱，与大蒜有同样的效果，可预防病虫害，培育健全的新苗。

最终取得这样的效果

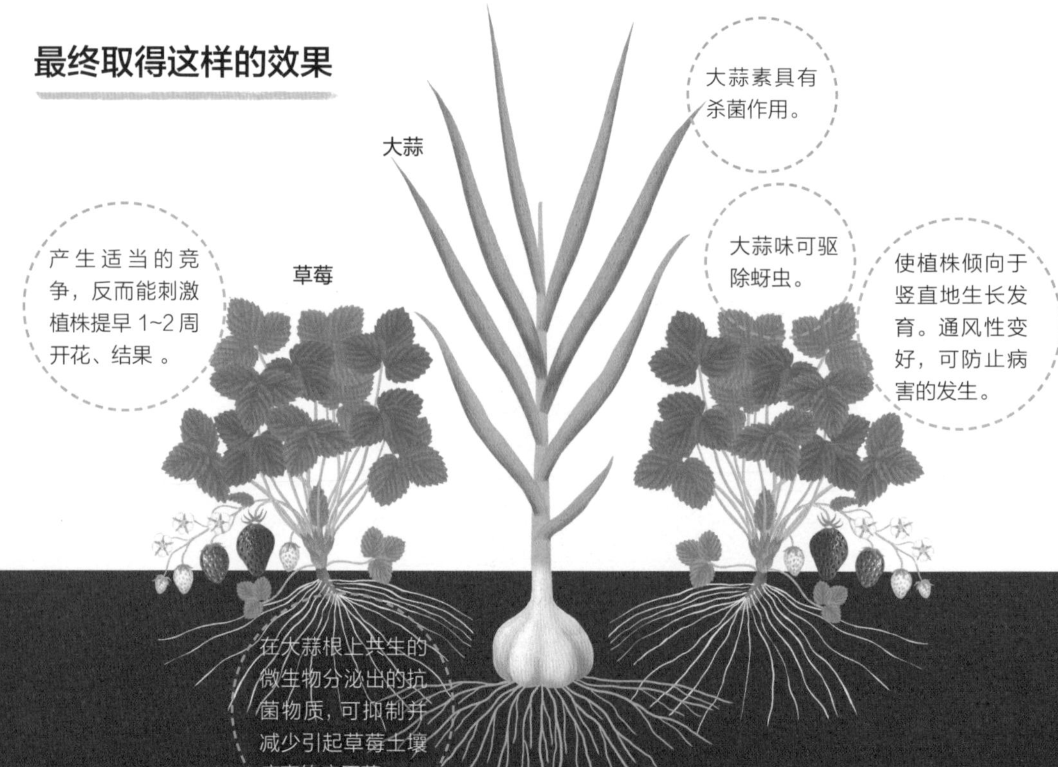

草莓 X 矮牵牛花

诱集访花昆虫，确保授粉、坐果

草莓经常结小的、形状不正的果实，这是因为花粉没有充分地传到雌蕊而“授粉不良”引起的。为确保授粉，生产外观漂亮的果实，每当开花时就要用笔或棉棒等把花粉向雌蕊上涂抹，实行人工授粉，但还是以创造蜜蜂等访花昆虫频繁来访花的良好环境为好。

访花昆虫，以花发出的香味或花色为目标而前来访花。把开鲜艳花的矮牵牛花种在草莓附近，因其正好在草莓开花的时候会接连不断地开花，便可诱集访花昆虫前来。

应用：可用在春天开花、能诱集访花昆虫前来的草花或盆花代替矮牵牛花。

栽培流程

【品种选择】对草莓品种的选择没有什么特别的要求。矮牵牛花用出售的苗比较方便，要想用种子育苗，并且要与4月草莓的开花时间相吻合，就要在上一年的9~10月播种，并注意保温以使之安全越冬。

【整地】参照第88页。

【草莓的定植】参照第88页。

【矮牵牛花的定植】4月上旬在栽草莓的垄上零星地定植。如果遭受寒风或晚霜会受损伤，但是在高的草莓植株保护下会比较耐寒。

【采收】草莓的采收参照第88页。

要点

在泰国北部的草莓田里，会混栽香菜。香菜在10~11月播种，安全越冬后在第2年3月中旬就可定植。如果是温暖地方，在田地里也能越冬。3~4月春播时，其开花时间赶不上草莓的开花时间，虽然不能诱集访花昆虫前来，但是其独特的香味对驱避害虫也很有作用。

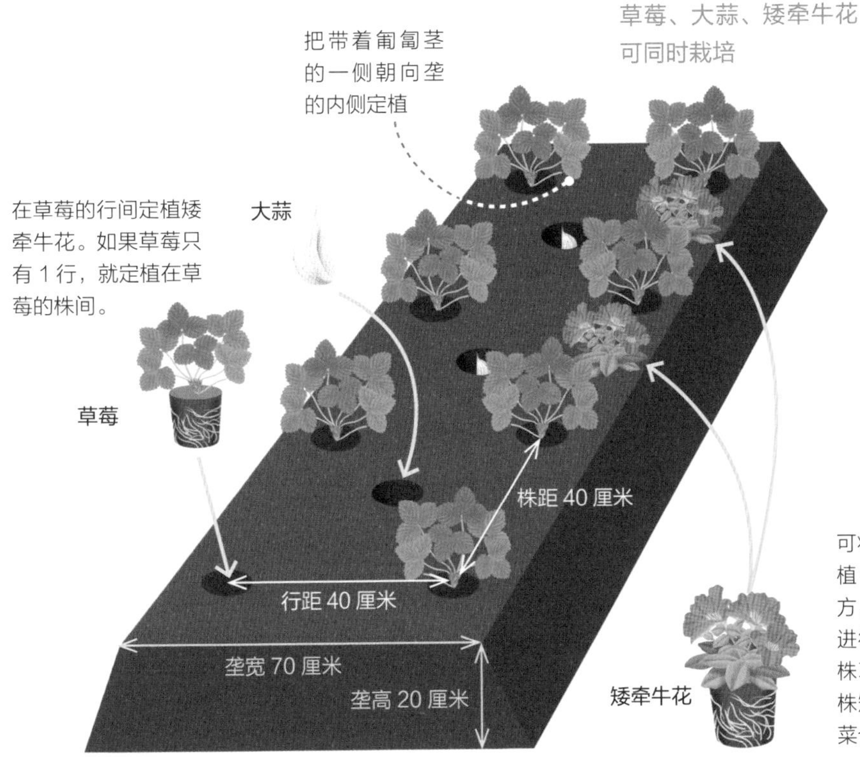

红紫苏 X 青紫苏

因为色泽和香味不同，能互相驱避害虫

在分类学上，红紫苏和青紫苏都是紫苏的变种，是极为相近的同类。但是食用品尝时，它们的味道和香味有些不同，做菜的用途也不一样。不可思议的是，红紫苏和青紫苏上为害的害虫也不一样。虽然科学上还没有探明原因，可能是因为害虫能辨别自己喜欢的香味成分和色泽吧。因此，红紫苏和青紫苏混栽，能互相地驱避害虫，从而可抑制害虫的为害。

需要注意的是，它们是近缘种类，以混栽的状态开花时容易引起混杂。如果需要采种用于下次播种，因为会出现红、绿混杂的叶色，香味也没有了，所以采种的不要实行混栽。

栽培流程

【品种选择】对品种的选择没有什么特别的要求。

【育苗】在育苗箱内弄上浅沟，以株距 1 厘米进行条播，用极薄的土覆盖。

【整地】在定植 3 周前施发酵好的堆肥和饭菜渣精制肥，进行细致翻耕。

【定植】在真叶 6 片左右时定植，以行距 60 厘米即可。

【追肥、铺稻草】植株长到 20 厘米左右时，施饭菜渣精制肥或油渣。为保护植株在夏天不受干旱影响，可在植株基部铺上稻草。

【采收】当真叶 10 片以上时，从下面的叶开始采收。如果靠近生长点的柔软的叶也被采收，生长发育就会变差。在真叶 7~8 片时对顶端进行摘心，使侧芽伸展，植株会变得浑圆隆起、长势繁茂，从而逐渐地收获柔软的叶片。

要点

不仅是叶，有的摘花穗作为穗紫苏，还有的收获紫苏的果。因为种子散落后易长成杂草，所以需要注意。

最终取得这样的效果

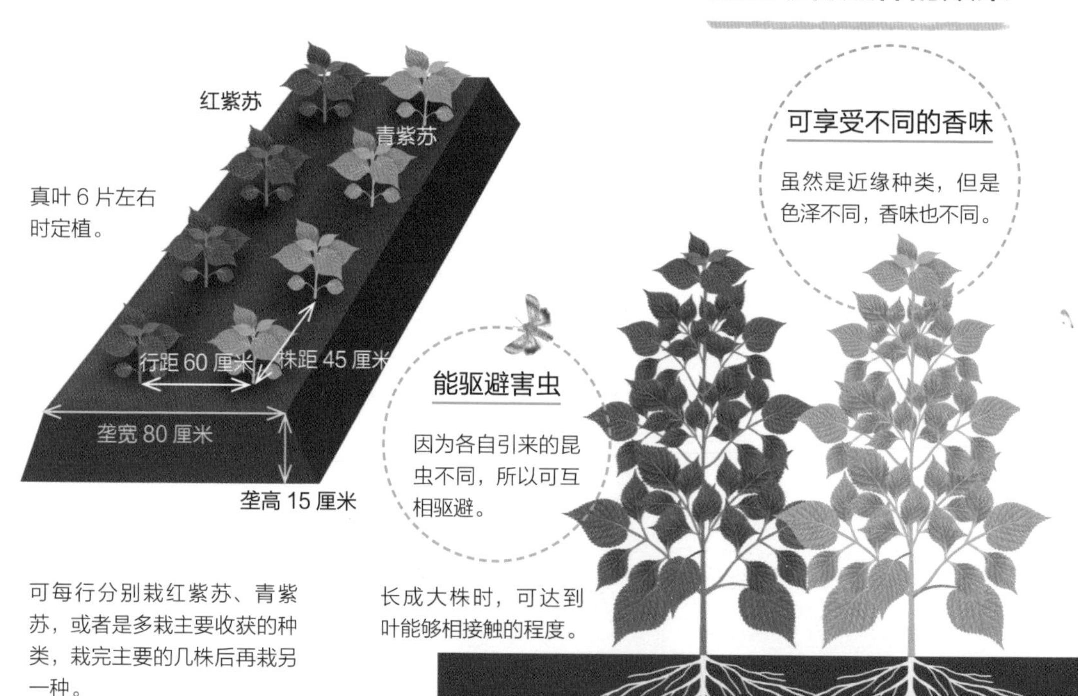

可每行分别栽红紫苏、青紫苏，或者是多栽主要收获的种类，栽完主要的几株后再栽另一种。

长成大株时，可达到叶能够相接触的程度。

茗荷 X 迷迭香

有效利用空间

促进生长发育

在排他型的迷迭香植株基部，为什么只能培育茗荷

迷迭香是香味强的紫苏科常绿矮灌木，顶端的枝叶，可作为香草利用。在地上栽培几年后，树逐渐长高，可能是因为他感作用的缘故，在植株基部很大范围内别的植物不能生存，会成为裸地的状态。

不受迷迭香他感作用影响的植物，恐怕就只有茗荷。在迷迭香植株基部栽培的茗荷种苗，能很顺利地生长。虽然在科学方面还没有探明这一不可思议现象的原因，但正因为很投缘，在什么也不能培育的地方能再培育 1 种植物，可以说这是陪植植物最宝贵的组合。

栽培流程

【品种选择】对茗荷、迷迭香品种的选择都没有什么特别的要求。

【整地】选择日照好、排水好、通风好的场所，在定植 1 周前就要耕好地。如果是贫瘠土壤，可施发酵好的堆肥和饭菜渣精制肥。

【迷迭香的定植】定植适期为 4~6 月。可购买苗，也可以从育成的迷迭香的枝顶端剪 7~8 厘米，进行插条育苗，2~3 周就可发根，发根后就可定植。当枝伸展到 20 厘米左右时，对顶端进行回剪。侧芽伸展后，兼顾着收获随时回剪。

【茗荷的定植】定植适期为 3 月中旬 ~4 月上旬。在已经培育的迷迭香的植株基部，离开树干 20 厘米左右处定植。因为喜欢半遮阴，所以最好避开盛夏的强日光照射。

【追肥】即使是不施肥料，二者都能很好地生长发育。

【铺稻草】迷迭香喜欢排水好的场所，但是茗荷不喜欢干旱。如果是易干旱的场所，可在茗荷的周围铺上稻草。

【采收】迷迭香，从新伸展的柔软的枝顶端采收。在第 1 年的秋天和第 2 年以后的夏天，可采收茗荷的花加以利用。

要点

受迷迭香逐渐长大的影响，在茗荷生长的第 3 年，应把其整株刨出来向外移，以扩大栽培场所。

最终取得这样的效果

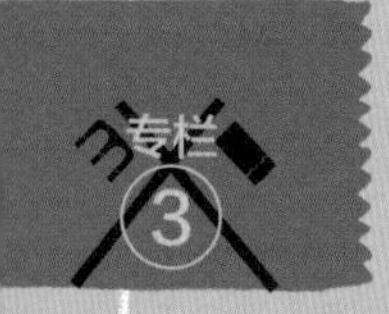

陪植植物、隔离植物、保护植物的使用方法

调整田地总体环境，保持生物的多样性，使蔬菜和果树更容易培育的方法之一，就是利用陪植植物、隔离植物和保护植物。

这也可以说是广义上的伴生栽培。

从提供天敌栖息的场所到驱虫、驱避动物、挡风

马齿种玉米、甜高粱、香根草、向日葵、羌活、燕麦、金莲花、万寿菊、大波斯菊等都是生长发育旺盛的植物，在这些植物上发生害虫的天敌（蜘蛛、螳螂、异色瓢虫、草蛉、植绥螨、花蝽、蚜小蜂、食蚜蝇等）易繁殖，成为在田地里栽培蔬菜的害虫天敌的供给源。

把这些随着生长植株就长高的马齿种玉米、甜高粱、香根草、向日葵、羌活等栽在田地的外围，可以成为防止外部害虫入侵的屏障。如果在上风处和下风处栽培，还可抵御强风。迷迭香和薰衣草可用作保护植物，由于其独特的清香味，在驱避害虫的同时，其花还能诱集蜜蜂等访花昆虫前来，帮助黄瓜、南瓜、秋葵、草莓等植物授粉。

另外，还有可用于驱避有害动物的植物。如把石蒜、水仙等作为旱田或水田的保护植物栽培，因为它们的球根部分带有毒性，所以能防止鼹鼠和老鼠的入侵。

陪植植物的种类和产生的效果

陪植植物	产生的效果
红苜蓿	繁殖白粉病原病菌的寄生菌
燕麦	增加多种害虫的天敌
车前	繁殖白粉病病原菌的寄生菌
紫花酢浆草	增加叶螨的天敌
酢浆草	增加叶螨的天敌
四籽野豌豆	增加蚜虫、叶螨的天敌
羊蹄	增加伪瓢虫的天敌
金针菜	增加介壳虫的天敌
金莲花	增加蚜虫、叶螨、蓟马的天敌
绛车轴草	增加蓟马、蚜虫的天敌
大波斯菊	增加多种害虫的天敌，诱集访花昆虫
白苜蓿	增加甘蓝夜蛾的天敌
甜高粱	增加多种害虫的天敌
麦类	增加多种害虫的天敌，繁殖白粉病病原菌的寄生菌
万寿菊	增加多种害虫的天敌，诱集访花昆虫
羌活	增加多种害虫的天敌
向日葵	增加多种害虫的天敌，诱集访花昆虫
艾蒿	增加蚜虫、叶螨、蓟马的天敌
玉米	增加多种害虫的天敌
马齿种玉米	增加多种害虫的天敌
薰衣草	增加多种害虫的天敌，诱集访花昆虫
迷迭香	增加多种害虫的天敌，诱集访花昆虫
浆果类	增加多种害虫的天敌

陪植植物、隔离植物栽培案例

甜椒 × 甜高粱

把甜高粱作为隔离植物栽在甜椒旁。甜高粱可以防止外面害虫的入侵，同时为天敌提供栖息场所，防治甜椒上的叶螨等害虫。

南瓜 × 马齿种玉米

植株高的马齿种玉米在开阔的场所对防风很有效。而且它比甜玉米栽培天数长，能够长时间地起到隔离植物的作用。

白菜 × 燕麦

在白菜垄间的走道上培育燕麦。燕麦成为天敌的栖息地，减少了白菜上害虫的为害，同时减少了根肿病的病原菌。

将燕麦作为陪植植物

成为天敌的栖息场所

虽然害虫会过来，但是它们的天敌也增加了，可以吃蔬菜上的害虫。

保持土壤的湿度

叶扩展，遮住地表面，土壤不容易干旱。

预防十字花科植物病害

分泌出燕麦素（皂角苷的一种）这种抗菌物质，可防治十字花科蔬菜的土壤病害。

能作为绿肥活用

到秋天时干枯后覆盖在土壤表面，根系量也很多，可为土壤提供大量的有机物，起到土壤改良的作用。

将甜高粱作为隔离植物

栽 3~4 行

也可围着田地栽 1 圈。

避免害虫入侵

因为植株高，椿象、金龟甲、夜盗蛾等害虫难以找到为害的蔬菜。

成为天敌的栖息场所

虽然害虫会过来，但是天敌也增加了，可吃蔬菜上的害虫。

为蔬菜挡风

在上风处和下风处栽培，可抵御强劲的寒风。

作为绿肥进行活用

将干枯的植物从基部割掉并锄入土中，可增加土壤中的有机物含量。

● 将薰衣草作为保护植物

可以驱避害虫

由于在上风处和下风处栽培，使整块田的蔬菜被薰衣草的香味覆盖，可以驱避害虫。

增加天敌

植株生长繁茂，可为天敌提供栖息场所，减少蔬菜的害虫。

诱集访花昆虫前来

为寻找蜜源，蜜蜂等会前来访花采蜜。这些访花昆虫同时可为果菜类进行授粉。

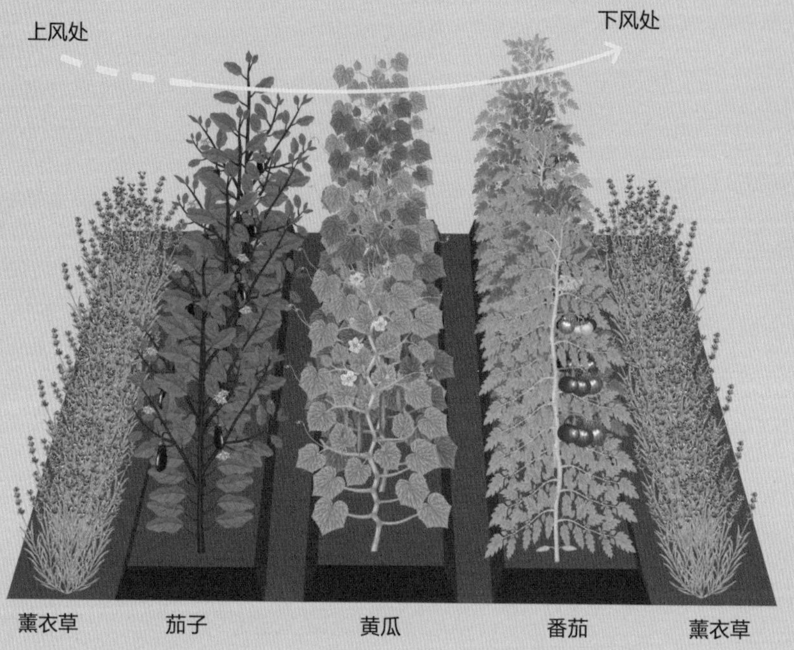

● 利用向日葵形成保护带

可驱避害虫，抵御强风

大型品种的向日葵作为隔离植物，可驱避害虫、抵御强风，还可增加害虫的天敌。

能诱集害虫和益虫

向日葵的花诱集了访花昆虫前来，对蔬菜的授粉起到很大的作用。也能诱集蓟马和金龟甲等害虫，从而减少了它们对蔬菜的为害。

可溶解土壤中的不溶性磷

根可溶解土壤中的不溶性磷，转换成其他植物容易吸收的状态，具有减少肥料使用的效果。

前后茬栽培的陪植植物

【前后茬栽培】

在本部分介绍了在某种蔬菜收获之后再栽培另一种蔬菜的“前茬、后茬”组合投缘的案例。通过组合栽培，使后茬不需要整地，或者可以防止病虫为害和连作障碍等，是效率更高的栽培方法。

毛豆 → 白菜

在毛豆的根上共生着根瘤菌并形成根瘤，可将空气中的氮变成养分，土壤会变肥沃，使喜欢肥料的结球蔬菜能更好地生长发育。根瘤经过一定时间后就从根上脱落到土壤中并分解，带给土壤更丰富的养分。

因此，后茬无论是哪种蔬菜，都能很好地生长发育，这里推荐的是喜欢肥料多的白菜。若毛豆的早熟品种在 4 月下旬 ~5 月中旬播种，在 7 月中旬 ~8 月中旬就能收获。把毛豆的根和地上部的一部分锄入土中，然后起垄，2~3 周就能分解。

白菜在栽培之后能吸收到丰富的养分，初期的生长发育就很好，叶长得很大，也容易结球。

应用：除白菜之外，十字花科蔬菜都能采用前后茬栽培。

栽培流程

【品种选择】选择毛豆早熟或中熟品种，晚熟品种不能在白菜定植前采收。对白菜品种的选择没有什么特别的要求。

【毛豆的栽植】参照第 42~45 页。采收时从植株基部切割，留下根。若有残枝和叶就留在地里。

【接茬时的整地】毛豆采收后，把根、残枝和叶锄入土中并起垄。因为夏天气温高，根、残枝和叶经过 2 周左右就能分解。土壤中的微生物虽然比较稳定，但还是在栽白菜之前 3 周弄好比较安全。

【白菜的定植】白菜在 8 月下旬之前用塑料钵等进行播种育苗，在 9 月中、下旬定植。

【追肥】要根据白菜外叶的生长发育情况而定，需要时可追施饭菜渣精制肥等。

【采收】如果毛豆荚中的豆鼓起来了，就可采收。按一下白菜球顶部，如果变硬、变结实了，就可以从植株基部切割采收。

要点

当毛豆的根和残渣彻底分解，转变成硝态氮时，白菜就能充分吸收用于生长。甘蓝和嫩茎花椰菜等，因为对没完全腐熟的有机物也能分解、吸收，所以把毛豆的根留在土壤中，不需耕地直接定植苗也能很好地生长发育。

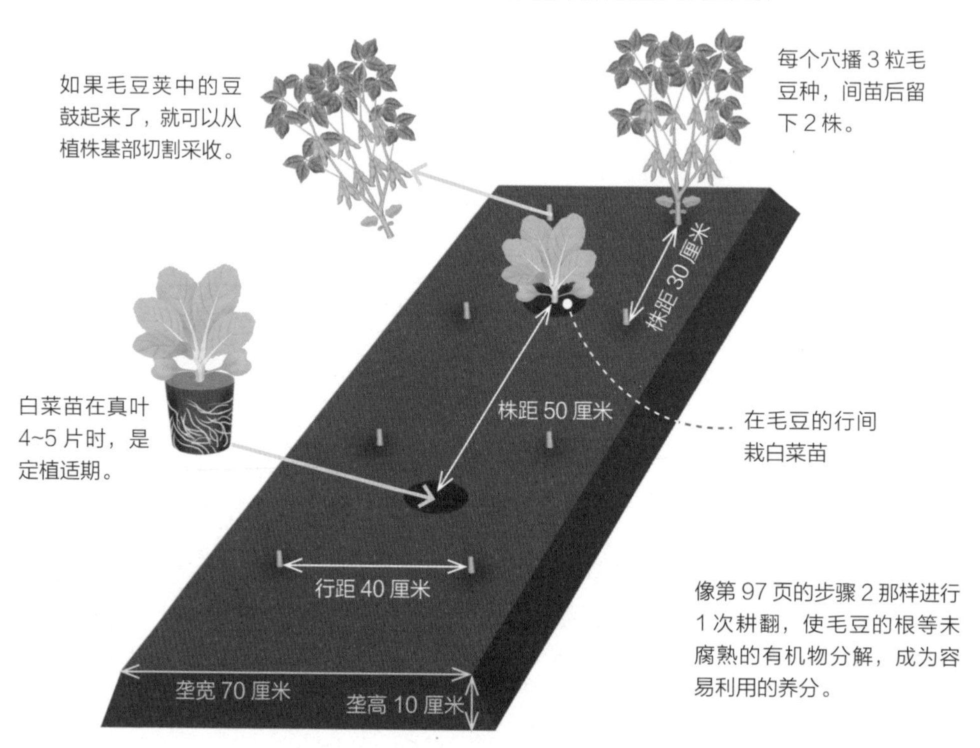

1 毛豆的采收

7月中旬~8月中旬

采收时从植株基部割断，把根留下即可。可把不要的地上部的叶和茎移出去，也可留在地里。

根瘤中的根瘤菌，能固定空气中的氮，将其变成养分（铵态氮）。

根瘤菌附着到新的根上，老化了的根瘤脱落，给土壤带来了丰富的养分。

2 白菜的整地

8月下旬~9月上旬
（栽苗3周前）

用锄头深刨10~15厘米，并进行耕翻，把毛豆的根、残渣锄入土壤中，促进分解。

根深的部分，保留原样也没有问题，会逐渐地分解，成为白菜根的通道。

3 白菜的定植

9月中、下旬

如果外叶的生长发育变差，可于10月中旬和11月上旬在根的周围施饭菜渣精制肥。

微生物会瞬间增加，分解毛豆根等有机物，经过2~3周后就大致分解结束，微生物群落也稳定了。分解后的养分，变成了白菜容易吸收利用的状态

4 白菜的采收

自11月下旬开始

大的外叶能进行光合作用，叶片数量增加，就能促进结球。

有机物被充分地分解，作为养分被白菜吸收利用

毛豆 ⇒ 胡萝卜、萝卜

不用施堆肥就能接着栽下茬，培育出表面平滑的根菜类

胡萝卜、萝卜等根菜类和毛豆很投缘，可以说是古代生产者就已经采用的“前后茬栽培”的稳定组合。

胡萝卜、萝卜都只需较少肥料就能很好地生长发育。在栽培前虽然有必要对土地进行充分翻耕，但是这时如果掺入过多的堆肥和肥料，未腐熟的有机物和肥料块在土壤中残留，会成为裂根或根表面脏污的原因。

如果前茬是培育毛豆的地块，在根瘤菌的作用下土壤变得很肥沃，就没有必要施基肥、堆肥等肥料。把毛豆连根拔除并耕地后，再播种胡萝卜或萝卜，就能生长良好，获得表面干净、品质优良的胡萝卜或萝卜。

应用：牛蒡等根菜类蔬菜也能与毛豆组合栽培。

栽培流程

【品种选择】毛豆选用早熟或中熟品种。胡萝卜选“五寸胡萝卜”以下大小的品种，夏天早播长根的品种难以接茬。对萝卜品种的选择没有什么特别的要求。

【青豆的栽植】参照第 42~45 页。采收时连根挖出。

【接茬时的整地】毛豆采收后，不用施堆肥和基肥，直接翻耕。种萝卜的地方要深翻一点。

【胡萝卜、萝卜的播种】整地后 3 周左右就可播种。胡萝卜种在浅的沟内进行撒播，上面覆盖薄土后，用脚踩踏一下使种子与土壤紧密接触。萝卜种采用点播，每个穴播 5~7 粒。

【间苗】胡萝卜植株长到 4~5 厘米时进行间苗，株距 5~6 厘米；根长到直径为 5 毫米左右时进行间苗，株距 10~12 厘米。萝卜在真叶 1 片时留 3 株，真叶 3 片时留 2 株，真叶 6~7 片时留 1 株。

【追肥】不需要追肥。

【采收】对长粗了的萝卜、胡萝卜进行采收。萝卜在 1 月底时采收完毕，如果栽植久了就会出现糠瓤。胡萝卜可采收到 3 月上旬。

要点

萝卜属十字花科，胡萝卜属伞形科。因为为害这两种蔬菜的害虫不同，所以混栽时有互相驱避害虫的效果。一般而言，胡萝卜在 7 月下旬 ~9 月中旬播种，萝卜在 8 月下旬 ~9 月下旬播种，接茬栽培是从 8 月下旬开始。可先栽胡萝卜，但是在 9 月上旬和萝卜同时播种，对害虫的驱避效果更好。

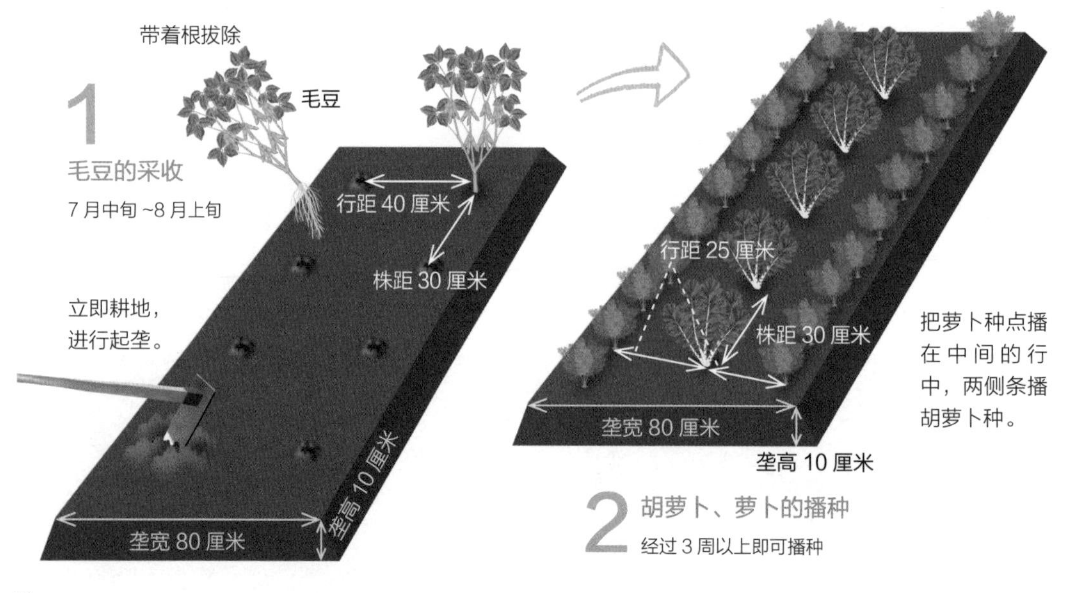

西瓜 → 菠菜

在有西瓜根深扎的田地中，培育深根类型的蔬菜

西瓜的根有向地下深处伸展的特性。其原产地是非洲的干旱沙漠地带，在高温干旱的气候条件下，它也能用吸水性强的根吸收土壤中的水分，结出水分充足的果实。

西瓜根可以说是天然的耕耘机。根深扎后，下茬植物的根容易向深处伸展。利用这个特性，可在西瓜的下茬培育同样是深根类型的菠菜。在土壤中残留的西瓜根随着时间流逝就分解了，成为空气和水的通道，菠菜的根容易伸展，耐病性也强，植株健康生长发育，味道自然也变得更好。

应用：可用根较长的胡萝卜、萝卜、凉拌菜用的牛蒡等代替菠菜。

栽培流程

【品种选择】对西瓜和菠菜品种的选择都没有什么特别的要求。

【西瓜的定植】参照第 32~33 页。

【接茬时的整地】西瓜的采收期为 8 月上、中旬。在采收后，把蔓和叶处理干净，施发酵好的堆肥和饭菜渣精制肥后，轻轻地把垄的表面整平。

【菠菜的播种】虽然整地后 3 周就可播种，但是要想培育出好吃的菠菜，需要在下霜后采收，所以应在 9 月中、下旬播种。播种时采用条播。

【间苗、追肥】菠菜真叶 1 片时进行间苗，株距 3~4 厘米；植株 5~6 厘米高时，株距 6~8 厘米。第 2 次间苗时在行间施饭菜渣精制肥。

【采收】西瓜苗若在 5 月上、中旬定植，则可在 7 月中旬 ~8 月上旬采收；若在 5 月上旬进行直播，则可在 8 月上旬 ~9 月上旬采收。当菠菜植株长到 25~30 厘米高时就能采收。如果使其经历寒冷增加甜度，便可在 12 月上旬 ~ 第 2 年的 2 月采收。

要点

因为西瓜的垄起得高，所以应在采收后把垄表面整平，制成普通高度的垄，垄高达 10 厘米左右即可。

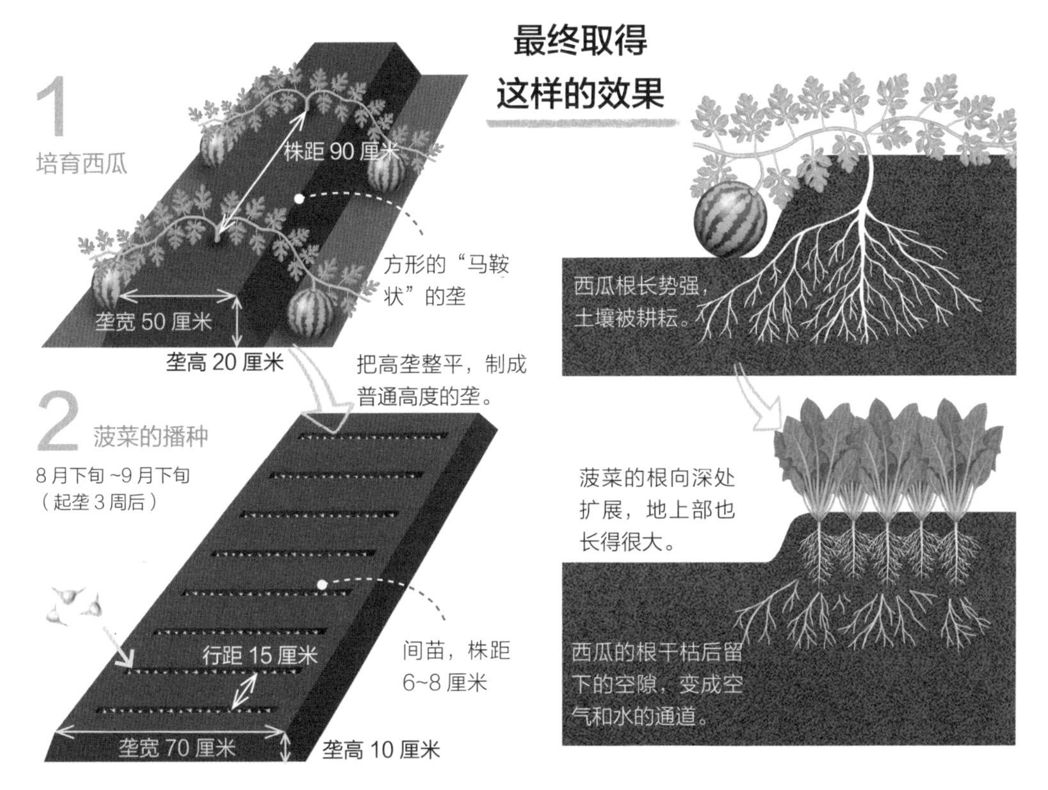

番茄 → 小白菜

驱避害虫

促进生长发育

可避开地下害虫的为害，容易利用种子培育

这是在8月采收结束的番茄田地里，再培育后茬叶菜类的秋蔬菜的方法。特别推荐的是易遭受地下害虫为害的小白菜等十字花科蔬菜。地老虎是夜蛾科的害虫，白天在土中潜伏着，到了晚上就出来为害地上部和茎基部，严重时会咬断整个植株。

地老虎的成虫在蔬菜和杂草的基部产卵，但不怎么在番茄上产卵。另外，番茄对其他植物的排他作用强，在植株基部别的杂草难以生存，所以地老虎成虫不能产卵。其结果就是栽培番茄后，垄上地下害虫的为害也少了。

应用：和小白菜同样的用种子培育的小油菜、野油菜、芜菁、茼蒿、菠菜等，也可应用此组合。

栽培流程

【品种选择】番茄选用无法栽培到秋天的大果番茄。对小白菜品种的选择没有什么特别的要求。

【番茄的定植】参照第14~15页。因为一到高温就难以授粉，所以在8月上、中旬就将果实采收，把植株处理掉。

【接茬时的整地】把大根除掉，耕地起垄。若番茄生长发育不好，可施发酵好的堆肥和饭菜渣精制肥。

【小白菜的播种】在整地3周以后的9月播种。每个穴点播3~4粒种，或条播后再进行间苗。

【间苗、追肥】真叶1~2片时进行间苗，留下1株。若采用条播，真叶1~2片时，株距5~6厘米；真叶3~4片时，株距10~12厘米。在这时追施油渣或饭菜渣精制肥。

【采收】小白菜的植株基部鼓起来并且变厚了，就可采收，一般是播种后的55~65天。

要点

要注意小白菜栽培时间不能过早，否则易遭受菜粉蝶和小菜蛾幼虫的为害。

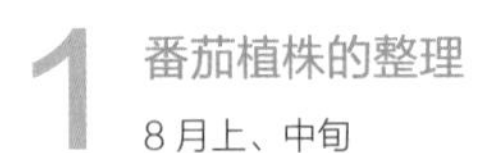
1 番茄植株的整理
8月上、中旬

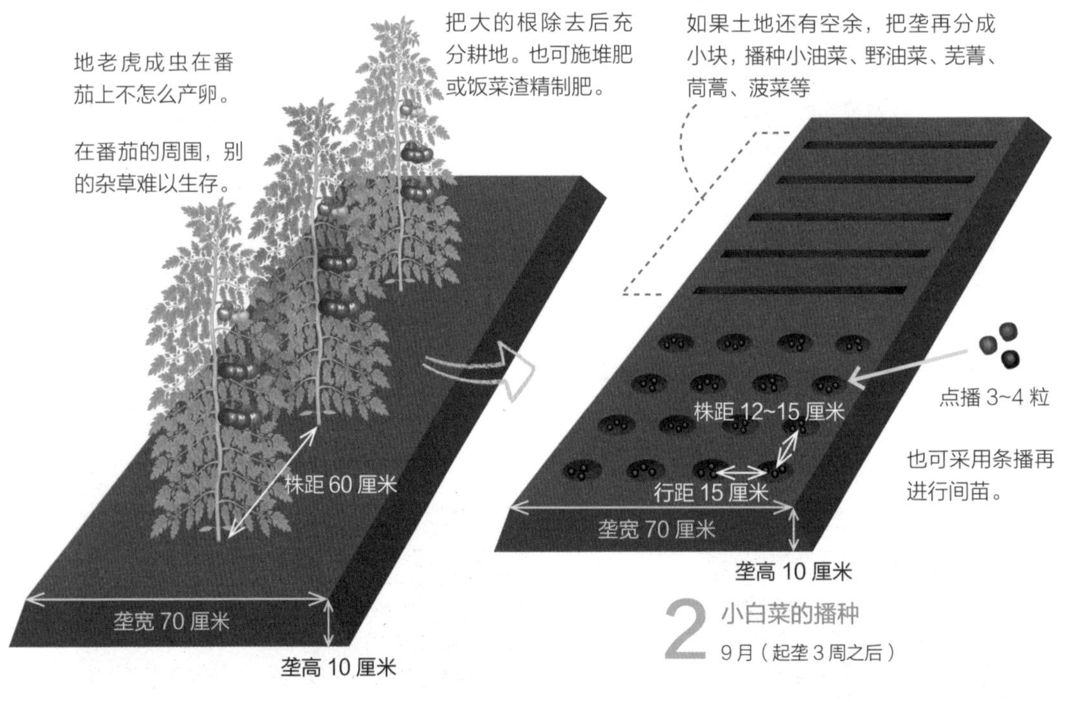

2 小白菜的播种
9月（起垄3周之后）

黄瓜 → 大蒜

因为根圈微生物不同，所以不易发生病害

黄瓜的根在浅层处扩展，能较多地代替地膜覆盖等。而且采收后即使是处理了植株并进行了耕地，在土中仍然残存着很多未腐熟的有机物。

葱类植物能够很好地利用这些未腐熟的有机物分解后的养分。栽培黄瓜之后，可在9~10月定植大蒜。黄瓜是双子叶植物，大蒜是单子叶植物，在根上附着的微生物有很大的不同，即使是连续栽培，土壤中的病原菌也不会增加，能维持在很少的状态。这样能够抑制大蒜特有的干腐病、春腐病、黑腐菌核病等土壤病害的发生。

应用：与大蒜同样在9月定植的薤、冬葱、胡葱等也能应用此组合。

1 黄瓜植株的整理

8月上、中旬

到了盛夏，下面的叶干枯，弯曲的果多了就要整理植株。把栽黄瓜的垄进行中耕整地。

栽培2行时，可搭立合掌型支架。

再重新起垄。

2 大蒜的定植

把种球掰开，一瓣儿一瓣儿地定植于土中，深度5~8厘米。把薄皮剥掉再栽，则发芽早、生长发育更加旺盛。

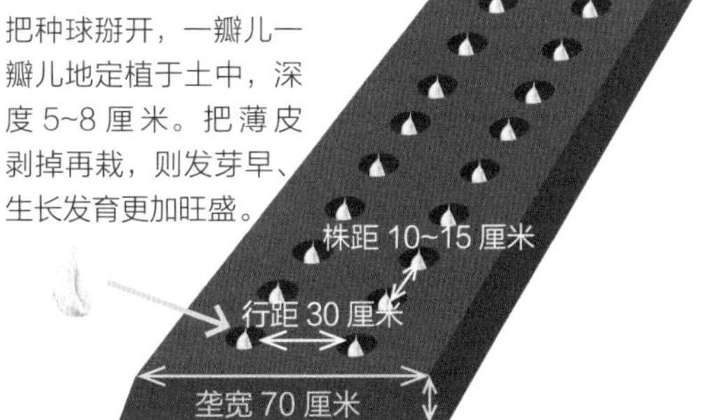

栽培流程

【品种选择】对黄瓜品种的选择没有什么特别的要求。大蒜要选择对寒冷地、温暖地都适应的品种。

【黄瓜的定植】参照第24~27页。到8月时会因为高温使叶出现损伤，生长发育变慢，所以在8月上、中旬就要完成采收，并处理掉植株。

【接茬时的整地】在大蒜栽植3周前进行耕地、起垄。若黄瓜生长发育不怎么好时，可施发酵好的堆肥和饭菜渣精制肥后再起垄。

【大蒜的定植】把大蒜的种球掰开，一瓣儿一瓣儿地定植于土中。深度5~8厘米。

【追肥】叶伸长到30厘米左右时，在植株周围施稻壳或饭菜渣精制肥，和土混匀。在1个月后进行同样的追肥。

【摘心】一到春天，花茎就伸展出来了。虽然不动它也不影响蒜头的膨大，但是最好掐掉作为蒜薹利用。

【采收】地上部有8成左右干枯时，就可在晴天时挖起大蒜。去掉叶和根，在田地里放置2~3天后，捆起来放在屋檐下或遮阴且通风好的场所保存。

要点

也可在收获大蒜之后再培育秋天收获的黄瓜。在大蒜的根上共生的微生物分泌出的抗菌物质，可抑制黄瓜的蔓割病等土壤病害。

最终取得这样的效果

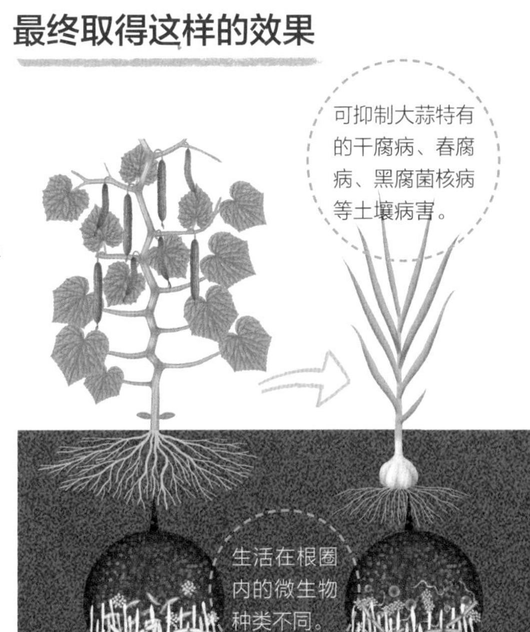

甜椒 ⇒ 菠菜、球状生菜

把甜椒作为防寒物，在寒冬时也能采收蔬菜

和茄子与萝卜的组合（参照第 19 页）一样，这一组合是为了利用甜椒植株基部空闲的地方。甜椒根比茄子根更易在浅层横向扩展，若栽培浅根类型蔬菜，有可能引起竞争。因此，混栽时应选用深根类型的蔬菜，比起萝卜、甘蓝等大型蔬菜，小一点儿的菠菜或球状生菜等叶菜类比较合适。

另外，甜椒比茄子耐寒性强。只要不遭受强霜，到第 2 年 1 月也不落叶，能采收果实。因此，把耐寒性比较强的菠菜或球状生菜在秋天播种进行培育，用甜椒进行防寒和防霜，在寒冬时也能采收蔬菜。

应用：可用柿子椒、辣椒等代替甜椒；也可用大芥、芥菜、山蔚菜等耐寒性强的叶菜类代替菠菜或球状生菜。

栽培流程

【品种选择】对甜椒、菠菜、球状生菜品种的选择都没有什么特别的要求。

【甜椒的栽植】参照第 22~23 页。

【菠菜的播种】8 月下旬 ~10 月上旬在离甜椒植株基部 25~30 厘米处条播菠菜种。

【球状生菜苗的定植】8 月下旬 ~10 月上旬在甜椒的株间等，离开植株 25~30 厘米定植。

【追肥】在 11 月前每 2~3 周给甜椒施 1 次饭菜渣精制肥。因为菠菜或球状生菜也能利用这些养分，就不需要再另外施肥了。

【采收】只要甜椒长大就可采收，1 月时植株就干枯了。菠菜、球状生菜都可在 2 月前依次采收。因为球状生菜遇到强霜会出现叶损伤，所以要根据天气预报做好预防，必要时预先用寒冷纱等全部罩起来。

要点

甜椒，就算到晚秋时能采收的果实很少了，也不要割掉或拔除，尽量地让其带着叶留在地里。寒流来得早的年份，用寒冷纱或无纺布等罩住甜椒，也可为菠菜和球状生菜防寒。

菠菜的播种和球状生菜的定植方法

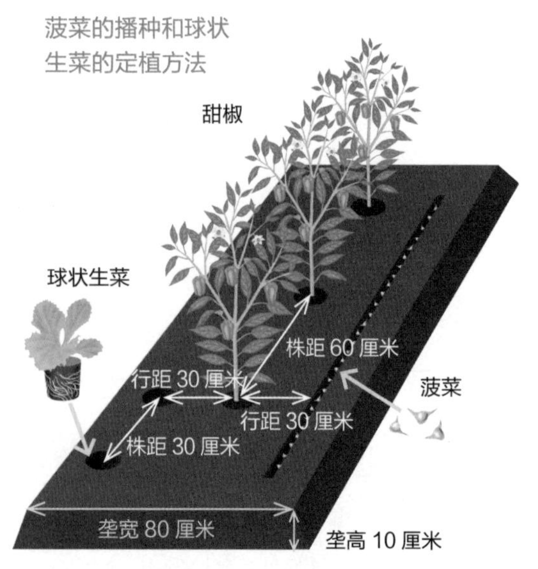

将种子以 1 厘米的间隔进行条播。真叶 1 片时进行间苗，株距 3~4 厘米；植株高 5~6 厘米时再间苗，株距 6~8 厘米。

最终取得这样的效果

萝卜 → 甘蓝

减少根肿病病原菌，使甘蓝容易结球

给甘蓝造成很大伤害的病害之一就是根肿病，该病只在十字花科植物上发生。甘蓝栽培期长，如果感染了根肿病，在中途就生长发育衰弱，不能结球，所以损害很大。得了根肿病最麻烦的是，根肿病病原菌能以休眠孢子的形态长年留在土壤中，即使经过 5 年左右的轮作也不能改善。

应把萝卜作为前茬进行栽培，因为萝卜也是十字花科植物，能让休眠的根肿病病原菌恢复活力并聚集过来侵入到侧根，但在这儿不能增殖于是就死了。总之，萝卜是作为诱饵，为我们清除了土壤中的根肿病病原菌。

应用：用白菜、嫩茎花椰菜、花椰菜、小白菜、芜菁等代替甘蓝也很有效果。

栽培流程

【品种选择】虽然哪个品种都能用，但是如果是根肿病严重的地块，甘蓝最好选用有抗性的品种（CR品种）。

【接茬时的整地】在甘蓝苗定植 3 周前把种植萝卜的垄轻轻摊平，施发酵好的堆肥和饭菜渣精制肥后耕地、起垄。

【甘蓝的定植】在真叶 4~5 片时定植，株距一般是 40~50 厘米；也可按株距 30 厘米进行密植，培育小一点儿的甘蓝。

【追肥、培土】甘蓝定植后大约 3 周，施 1 把饭菜渣精制肥，进行培土。结球时，再施 1 把饭菜渣精制肥。

【采收】萝卜应根据每个品种的适期进行采收。如果收晚了会变糠，或者出现裂纹。甘蓝结球后，按一下球的顶部，如果发硬了就可采收。

要点

根肿病发生严重时，可在采收萝卜后留下的穴内栽上甘蓝苗。如果需要肥料，在周围进行追肥。也可以采用密植萝卜采收叶片的方法，能更彻底地清除根肿病病原菌。

萝卜的采收和甘蓝苗的定植

最终取得这样的效果

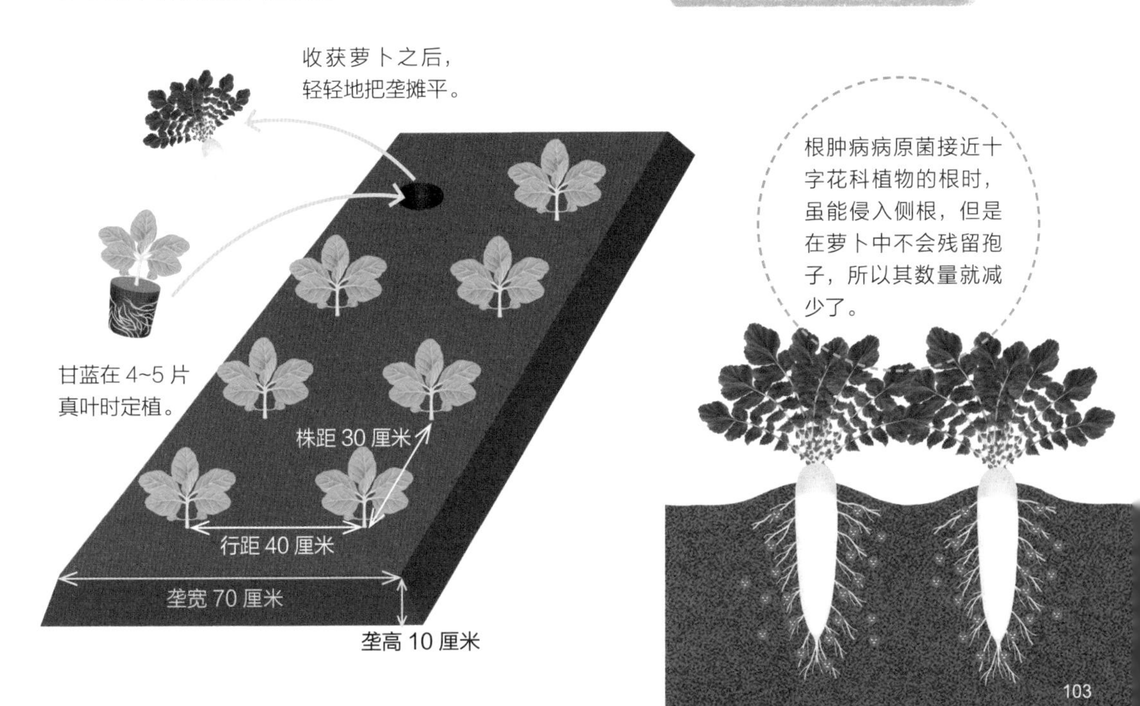

萝卜 ⇒ 甘薯

将需肥少的蔬菜加以组合，可以提升品质

如果施肥过多，甘薯会发生蔓伸展而薯块不膨大的“蔓徒长”现象。前茬植物过剩的肥料养分，适合种植正好吸收这些养分的植物。栽植萝卜时，如果结合整地施用未腐熟的堆肥和基肥，萝卜表面就会很脏，甚至出现裂根，因此基本上不施用肥料就能培育，也就不用担心肥料残留问题。

如果用这种组合进行连作，土壤中未腐熟的有机物减少，萝卜的表面变干净，质地细嫩，辣味和苦味也减少了。甘薯也不发生“蔓徒长”现象，能培育出又大又甜的高品质甘薯。

栽培流程

【品种选择】萝卜选择耐寒性强的春播品种。对甘薯品种的选择没有什么特别的要求。

【萝卜的定植】参照第 72 页。播种在 3 月下旬 ~4 月上旬进行。

【接茬时的整地】萝卜采收后不用施堆肥和基肥，直接进行整地起垄。

【甘薯的定植】参照第 78 页。最迟在 7 月上旬进行。

【采收】春播的萝卜经过 70~80 天就能采收。如果太晚采收就会长得过大，有的糠心，有的裂开，甘薯定植后 110~120 天就可采收，注意要在下初霜之前完成采收。

要点

冬天有机物分解缓慢。收刨甘薯之后，应尽早耕地，使剩下的根等有机物充分分解。初霜早的地区要提前栽培甘薯。必要时可使用小拱棚或铺上覆盖物等，就可提早到 3 月中旬开始栽植萝卜。

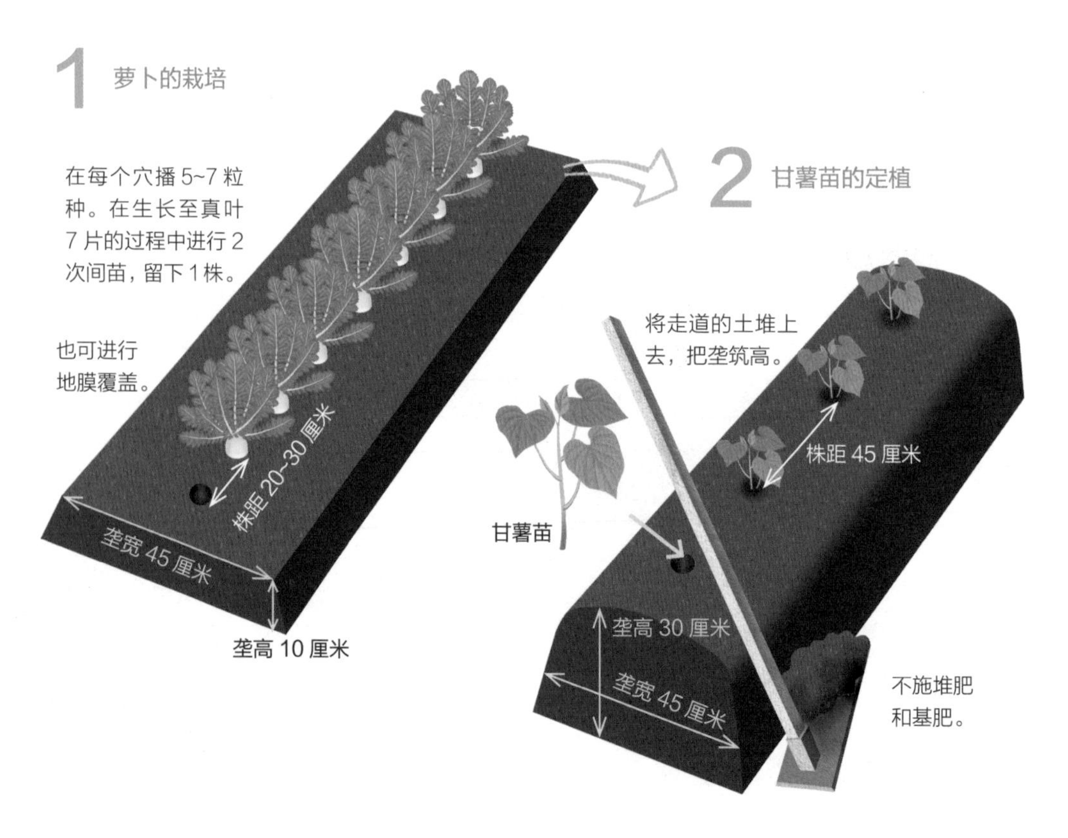

大蒜 ⇒ 秋葵

利用大蒜的根缝隙和残肥，秋葵能很好地生长发育

大蒜在葱属植物中可以说是深根类型的。采收时，大蒜蒜头与根分离，根的大部分都残留在土中。而秋葵属于直根系，在生长初期根系若能向深处发展，以后的生长发育就能更好。

在大蒜采收后培育秋葵，利用大蒜的根缝隙，秋葵的根能向深处扎。另外，在大蒜采收后的土中还残留许多有机物和肥料，所以培育秋葵时不用施基肥，直接播种也能使秋葵生长良好。

应用：和第 106~107 页介绍的洋葱、南瓜组合一样，在收获大蒜之后，也可培育南瓜、匍匐性黄瓜、秋茄、菠菜等。

栽培流程

【品种选择】对大蒜、秋葵品种的选择都没有什么特别的要求。

【大蒜的栽植】参照第 101 页。

【接茬时的整地】大蒜采收后的垄保持原样就可利用，也不需要施堆肥和基肥。

【秋葵的播种】在每个穴播 4~5 粒秋葵种。间苗时留下 3~4 株培育，根既相互依赖，又相互竞争地向土地深处伸展，能更好地生长发育，避免出现过于稀疏、过长或过硬的秋葵荚。

【追肥】秋葵的茎开始快速伸展时，每 3 周施 1 把饭菜渣精制肥。

【采收】秋葵荚长到 6~7 厘米时，即可采收。

要点

因为秋葵播种的适期为 5 月上旬 ~6 月上旬，所以可在大蒜采收前播种秋葵。这种情况下可利用大蒜的行间，当秋葵真叶 2~3 片进行间苗时，大蒜也能采收了。

最终取得这样的效果

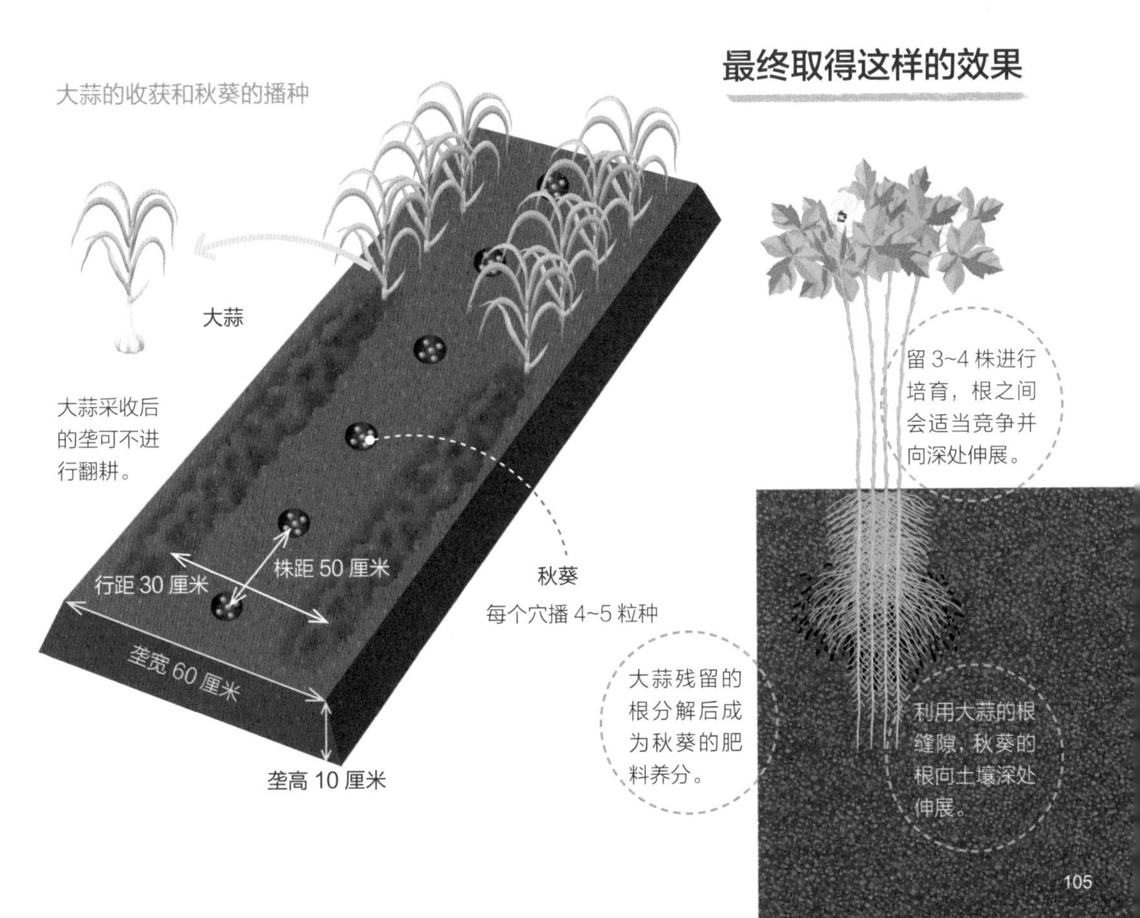

洋葱 → 南瓜

使地块不闲置，利用剩余养分进行栽培

洋葱的采收时期因品种而异，一般是在5~6月。为使地块不闲置，可在洋葱采收前栽植南瓜苗。

在第30页介绍的南瓜和大葱的混栽中，让大葱的根和南瓜的根互相接触，大葱根上着生的细菌分泌出的抗菌物质，可减少导致南瓜土壤病害的病原菌。所以把和大葱同一属的洋葱作为前茬植物进行栽培，也能够预先减少土壤中病原菌的数量。

南瓜能自然生长于河堤等地，也不怎么需要肥料。在培育洋葱后的土地中往往留有较多的肥料养分，省去整地直接定植南瓜，它也能生长良好。

应用：可利用6月播种的匍匐性黄瓜或苦瓜代替南瓜。

栽培流程

【品种选择】对洋葱、南瓜品种的选择都没有什么特别的要求。洋葱早熟品种采收早，更方便南瓜的栽植。

【洋葱的定植】参照第64~65页。因为南瓜蔓伸展很长，培育时需要一定的面积，因此事先要做好计划。

【南瓜的定植】不需要整地，把计划栽培南瓜地块的洋葱早一点儿收获，立即栽上南瓜苗。在其长出新根之前，用塑料薄膜将植株围起来，以防止强风侵袭，生长发育会更好。

【摘心】当子蔓有2~3根伸展时，对主蔓的顶端进行摘心。

【追肥】不需要追肥。

【采收】南瓜在雌花开放后50天左右即可采收。

要点

因为洋葱的采收期因品种而异，所以要计算好并及时查看，选好时机进行南瓜育苗或买苗。对于极早熟的品种，要把洋葱早一点儿收获，不用耕地，直接栽南瓜苗。

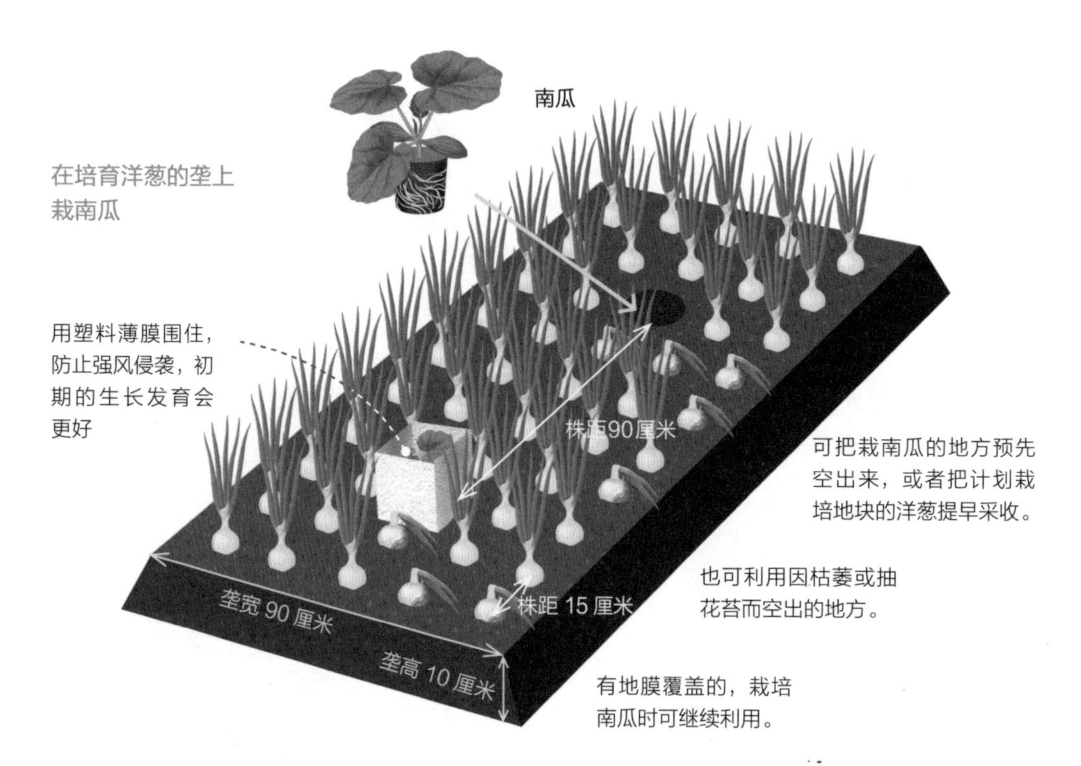

洋葱 ⇒ 秋茄

不用担心病害，用连作可以享受秋茄的美味

要想培育美味的秋茄，大致有两种方法。一种是对 4 月下旬~5 月上旬定植的植株采收，到盛夏时植株就衰弱了，因此在 8 月上旬时把枝剪短、修剪根系，促使生长势恢复，可培育出秋茄。

另一种是在 5 月上、中旬播种，把育成的苗在 6 月中旬定植，就能以健壮的植株度过夏天，从而可培育出秋茄。这时只要在采收洋葱后立即整地，就可顺利地进行秋茄的栽培。

和第 106 页介绍的一样，在洋葱根上着生的细菌分泌出的抗生物质，能减少枯萎病等病原菌，也就不用担心病害的问题。

应用：作为洋葱的后茬，也可用菠菜等。因为镰刀菌减少，夏天容易发生的立枯病会得到抑制。

栽培流程

【品种选择】对洋葱、茄子品种的选择都没有什么特别的要求，但是建议选择洋葱早熟或中熟品种，茄子晚熟品种的生长发育更好。

【接茬时的整地】洋葱采收后，施发酵好的堆肥和基肥后耕地，然后起垄。

【定植】整地之后再过 2~3 周栽茄子。

【铺稻草等】因为茄子不喜欢干旱，在出梅的 7 月中旬要铺稻草等进行覆盖。在定植时也可使用地膜覆盖。

【追肥】为了促进茄子的生长发育，每半个月在垄的表面植株周围施 1 把饭菜渣精制肥。

【采收】茄子成熟时可依次收获，在下霜前完成采收。

要点

茄子应在 10 月下旬 ~11 月上旬拔棵子，进行整地后，在 11 月下旬定植洋葱，就能交错进行连作。

最终取得这样的效果

秋茄的栽培

利用洋葱的根缝隙，茄子的根能很好地下扎。洋葱残留下的根逐渐分解，成为肥料养分被利用。

在洋葱根上着生的细菌可抑制枯萎病的病原菌。

牛蒡⟺薤

把栽培期长的蔬菜，隔年进行交替栽培

在日本，提到薤这种菜就会想到鸟取县，但是鹿儿岛县和宫崎县两个县的生产量占日本总产量的一半左右。其中一部分就是由农户长年进行交替栽培生产而来。

白沙高地排水好的火山灰土适合牛蒡的生产。要想生产薤，砂质土很理想。牛蒡栽培后土壤被翻耕到深处，排水性更加通畅，薤能更好地生长发育。

一般情况下，秋天播牛蒡种，到第 2 年 3~7 月采收后，再于 9 月中、下旬定植薤。到第 3 年 6 月中旬左右采收后，到秋天再种植牛蒡。牛蒡是容易发生连作障碍的蔬菜之一，采用这个方法，就能轻松进行两年循环的交错种植。不需要较多的肥料是二者的共同特点。

栽培流程

【品种选择】因为牛蒡在秋天播种，所以要选择耐寒的品种。对薤的品种选择没有什么特别的要求。

【整地】牛蒡在播种 3 周前深挖 60~70 厘米，把土壤整理疏松，将土填回后起垄。不用施堆肥和饭菜渣精制肥。薤在整地时可施发酵好的堆肥。

【牛蒡的定植】参照第 57 页。播种在 9 月中、下旬进行。播种前 1 天，把种子用水浸泡 1 天使之吸水，每个穴内播 5~6 粒种后覆盖薄土。出苗后进行间苗，真叶 1 片时留 2 株，真叶 3 片时留 1 株。

【薤的定植】在 9 月中、下旬种植种球。在每个穴内放 3 粒能很好地生长发育，产量也增加。

【追肥、培土】当薤的叶片增加时，可在垄的一侧施饭菜渣精制肥或稻壳作为追肥，然后培土。2 周之后，再在另一侧进行追肥并培土。

【采收】薤在 6 月下旬采收。牛蒡在 6~7 月茎叶干枯时就可采收。

要点

短茎拌菜用的牛蒡只要在9月上旬之前播种，年内就能收获。第 2 年春天播种拌菜用的牛蒡种，到秋天就可栽培薤。

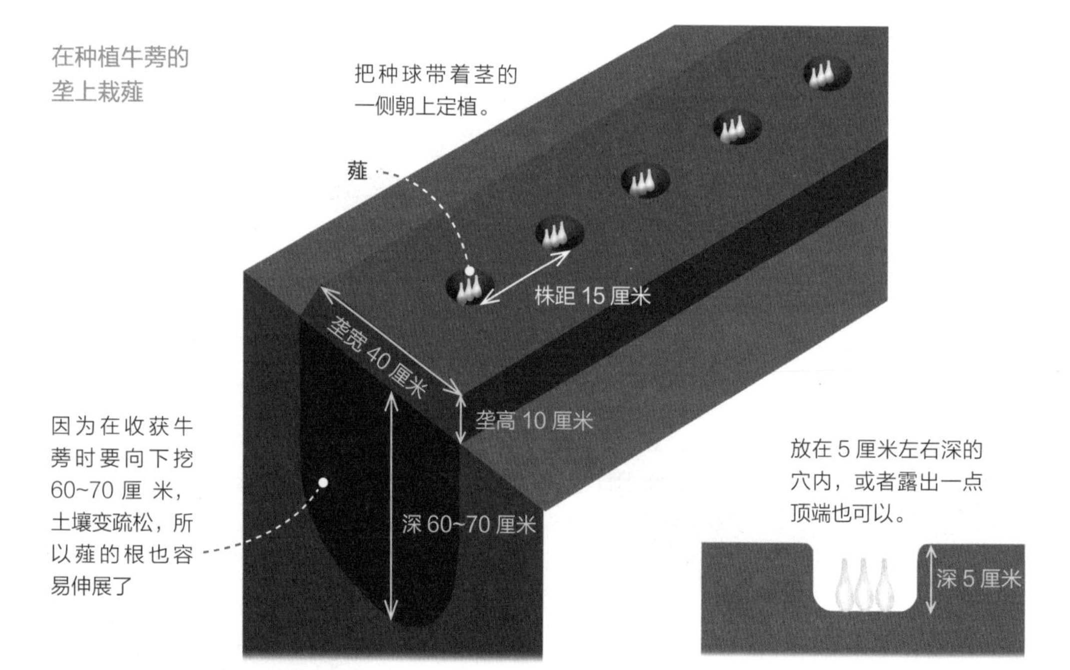

越冬菠菜 ⇒ 嫩茎花椰菜

利用土壤中的剩余养分，培育需肥量少的嫩茎花椰菜

菠菜可在秋天晚些时候进行播种，使之越冬培育。在 10 月上、中旬播种，即使不用特别保温也能在第 2 年 1~2 月的寒冬进行采收。若在 11~12 月播种，用小拱棚进行栽培，到第 2 年 3 月就可进行采收。这个时期的栽培温度低，微生物对有机物的分解也慢，所以需要多施肥料。其结果是在菠菜采收后的土壤中往往还有较多没有用完的肥料。

因此在春天不用施堆肥和基肥，把菠菜干枯的老叶和根等锄入土壤中重新起垄，继续培育夏收的嫩茎花椰菜。嫩茎花椰菜只是用剩余的肥料养分就能很好地生长。菠菜的残渣等未腐熟的有机物也不会对嫩茎花椰菜的根造成伤害。

栽培流程

【品种选择】菠菜选用春天收获的品种容易培育。嫩茎花椰菜最好选用适合春播夏收的品种。

【菠菜的定植】在播种 3 周前施发酵好的堆肥和饭菜渣精制肥等，然后起垄。若为酸性土，可施用石灰进行中和。在 11~12 月进行播种，12 月中旬撑上小拱棚。出苗后进行间苗，真叶 1 片时株距 3~4 厘米，植株 5~6 厘米高时株距 6~8 厘米。在 2 月上旬追施饭菜渣精制肥。

【菠菜的采收】植株高 25 厘米左右时就可采收。到 2 月中旬时植株遇冷会更加美味可口，但过了春分就容易抽花苔。

【接茬时的整地】不用施堆肥和基肥，轻轻耕地进行起垄。可把菠菜的残渣锄入土中。

【嫩茎花椰菜的定植】2月中旬~3月上旬在塑料钵内播种育苗，3月下旬~4月中旬在真叶5~6片时定植。

【追肥、培土】定植3周后在垄的一侧追施饭菜渣精制肥并培土。过3周后，再在垄的另一侧进行追肥并培土。如果有必要就再进行追肥，如果不需要就只进行培土。

【嫩茎花椰菜的采收】春播夏收的时候，可于定植后 60~70 天采收。

要点

除嫩茎花椰菜以外，用比较少的肥料也能很好地生长的萝卜、牛蒡等也可应用此方法。为了避免出现萝卜等表面不平整情况，不要将残渣锄入土中。

菠菜的采收和嫩茎花椰菜的定植

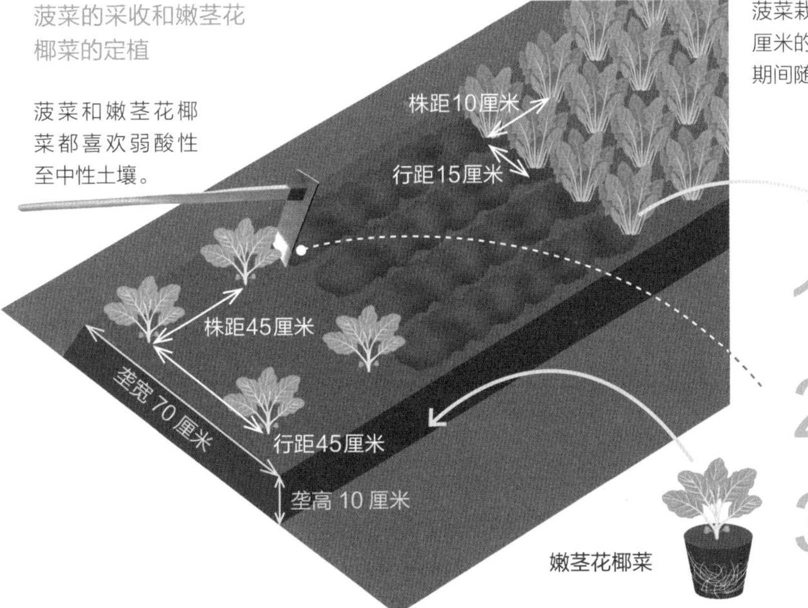

菠菜栽 4 行。将种子按以 1 厘米的间隔进行条播，培育期间随时间苗。

1 采收菠菜

2 把垄的表面用锄等轻轻锄平

3 定植嫩茎花椰菜

越冬嫩茎花椰菜 ⇒ 毛豆

在剩余肥料养分少的土壤中，毛豆也能很好地生长发育

秋播春收的嫩茎花椰菜，一般在不会积雪的偏暖地区栽培。9 月下旬 ~10 月上旬育苗，在 11 月下旬之前定植，就能在进入严冬之前发根存活。过了 2 月下旬，天气逐渐变暖，叶片数增加并迅速地长大，在 3 月下旬 ~4 月中旬就可采收了。

因为嫩茎花椰菜需肥量少，所以施肥量少，结果是土壤中剩余的肥料养分也少。后茬植物需要细致地整地，培育像毛豆这样即使是肥料少也能很好地生长的蔬菜。毛豆的根上共生着根瘤菌，能固定空气中的氮，所以用自己的力量就能很好地生长发育，同时还培肥了地力。

应用：菜豆、豇豆、春播的豌豆等豆科蔬菜都可代替毛豆。

栽培流程

【品种选择】嫩茎花椰菜选秋播春收的品种容易培育。毛豆选用早熟或中熟品种。

【嫩茎花椰菜的定植】在定植 3 周前施发酵好的堆肥和饭菜渣精制肥后耕地，然后起垄。9 月下旬 ~10 月上旬在塑料钵内播种育苗，在 11 月下旬真叶 5~6 片时定植。

【追肥】2 月下旬在垄的一侧施饭菜渣精制肥后培土，3 周后再在另一侧进行追肥并培土。

【嫩茎花椰菜的采收】 3 月下旬 ~4 月中旬，顶花蕾长大时就可采收。在这之后，伸展的侧花蕾也能采收。

【接茬时的整地】把嫩茎花椰菜拔除后整地。不用耕地，整一个垄即可。也不用施发酵好的堆肥和基肥。

【毛豆的定植】嫩茎花椰菜处理结束后，可立即定植毛豆。苗要事先准备好。在塑料钵内播 2~3 粒毛豆种，真叶平均 1.5 片时留 2 株，真叶 3 片时定植。

【追肥】在定植 3 周后施饭菜渣精制肥，并进行培土。若生长顺利就不用追肥。

【毛豆的采收】豆荚柔软饱满地鼓起来后就可采收，也可根据不同品种的栽培天数进行采收。

要点

也可应用初夏收获的嫩茎花椰菜。1~2 月播种，进行保温育苗，在 3 月时定植，5~6 月就可采收。这种情况下，毛豆应选择 7 月播种的晚熟品种。

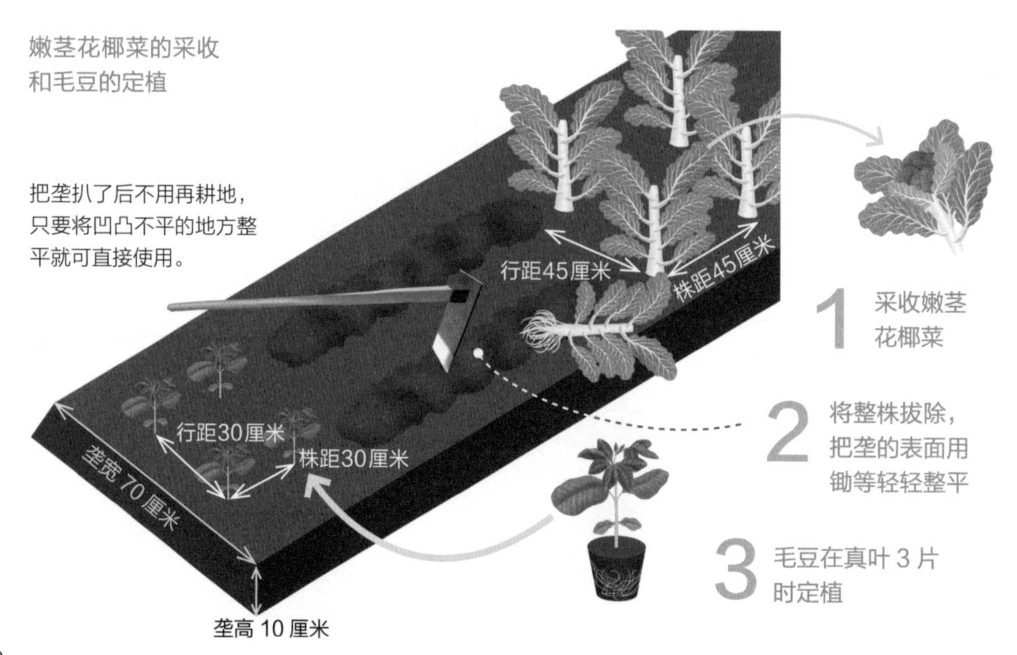

越冬嫩茎花椰菜 → 秋马铃薯

促进生长发育

把残渣锄入土壤中进行土壤消毒，可抑制马铃薯的疮痂病

这是在秋播春收的嫩茎花椰菜之后，培育即使是肥料养分少也能很好地生长的马铃薯的组合方法。与第 110 页介绍的毛豆的不同之处在于，要把嫩茎花椰菜采收后留下的老叶、茎、根等残渣锄入土壤中。

在嫩茎花椰菜的残渣中含着十字花科独有的辣味成分硫代葡萄糖苷，进入土壤中会再分解变成异硫氰酸酯这一挥发性的物质。异硫氰酸酯具有杀菌作用，能进行土壤消毒。若后茬培育马铃薯，就能抑制疮痂病的发生。

栽培流程

【品种选择】嫩茎花椰菜的品种选择参照第 110 页。秋马铃薯选用休眠期短的“出岛”“二种高”“红安第斯”等品种。

【嫩茎花椰菜的定植】参照第 110 页。

【接茬时的整地】嫩茎花椰菜采收结束后，把叶和茎切成长度 20 厘米左右，连同根一起锄入土壤中。3 周以后重新起垄，进行后茬培育。

【马铃薯的定植】秋马铃薯在 9 月上旬定植。参照第 83 页。

【马铃薯的采收】11 月下旬 ~12 月上旬遇霜后，地上部开始干枯时就可收刨。

要点

把嫩茎花椰菜的残渣锄入土壤中，其原理和使用农药杀菌、杀虫的“土壤熏蒸”相同，也称为“生物法土壤熏蒸”，可广泛应用于易发生土壤病害的茄科、葫芦科植物的栽培。土壤病害多发时，也可用含硫代葡萄糖苷较多的芥菜、芜菁、黄芥菜等代替嫩茎花椰菜。把残渣锄入土壤中之后，用透明的塑料薄膜把垄全部覆盖起来，密封 2~3 周，效果更好。

1 把嫩茎花椰菜的残渣锄入土壤中

采收嫩茎花椰菜之后，在养分含量低的地块可培育吸肥力强的玉米（甜玉米）。也可把嫩茎花椰菜的残渣锄入土壤中。即使有未腐熟的有机物，玉米也能正常生长。在 7 月中旬 ~8 月上旬播种（也可育苗），到了 11 月上、中旬就能采收鲜甜的玉米。因为玉米会长出很多次生根，采收后把根锄入土壤中，就能成为丰富的有机物来源。

2 马铃薯的定植

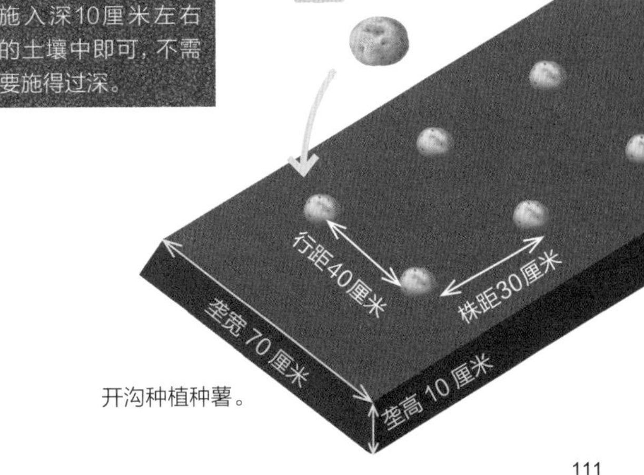

专栏 4

混栽和前后茬栽培相结合

连续不断进行采收的年间设计

善用伴生栽培植物组合，不仅可通过混栽、间作有效地利用空间，而且还能通过前后茬栽培最大效率地利用时间。其结果是，一年到头在一个垄上能进行多种蔬菜的栽培。在这儿列举两种年间设计，都不会引起连作障碍，而且第 2 年也能以同样的设计进行连作。

● 设计 A

春天开始培育常见的蔬菜，用少量肥料就能有很好的收获

在春天培育马铃薯并采收后，夏天培育常见的毛豆、玉米（甜玉米）等蔬菜，秋天培育嫩茎花椰菜、菠菜等叶菜类和萝卜、胡萝卜等根菜类的设计。其特点是，这些蔬菜只需要很少的肥料就能很好地生长发育，因此也叫低营养型的栽培设计。因为基肥和堆肥都不用投入很多，整地花费的时间缩短，从时间上来看也是高效率的。

【前后茬栽培的启示】

- 马铃薯采收后，起垄播种后茬。即使在不肥沃的土壤中也能很好生长发育的毛豆就不用施肥料；玉米则根据长势情况再确定是否追肥，也可混栽有蔓菜豆，从而使土壤变肥沃。
- 秋天在栽培需要较多肥料的嫩茎花椰菜、菠菜时，就要施发酵好的堆肥和基肥。如果是把需肥量少的萝卜、胡萝卜作为毛豆的后茬植物，就可以不用再施肥料了（参照第 76~77 页）。

【混栽的启示】

- 毛豆和玉米混栽具有促进生长发育和驱避害虫的效果（参照第 42 页），玉米和有蔓菜豆混栽也有同样的效果（参照第 38 页）。
- 嫩茎花椰菜和球状生菜混栽具有驱避害虫的效果（参照第 62 页），萝卜和胡萝卜混栽具有驱避害虫和促进生长发育的效果（参照第 76 页）。

3月下旬 → **6月**中旬

马铃薯的栽培

3 月下旬 种薯的定植
6 月中旬 采收

马铃薯

推荐使用种薯的切口向上的“逆植”方法（参照第 82 页）。在 6 月中旬收获。

周围有藜、白藜生长时，不用除草而让其生长，可预防病害的发生。

马铃薯植株长到 20 厘米左右时培土，过 2 周后再进行培土。

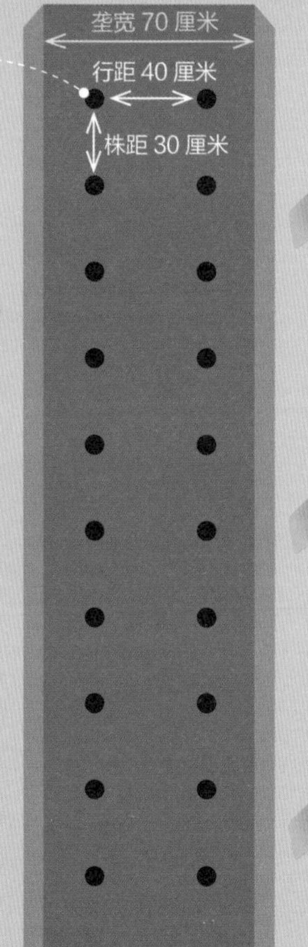

基本不需要整地

如果是在已经栽培过蔬菜的地块栽培马铃薯，就不需要施堆肥和基肥，在种薯定植3周前耕地起垄。若进行适当追肥，在6月中旬、9月下旬换茬整地时就不用施很多的基肥了。

继续进行连作可提高品质

在一整年中用较少的肥料培育蔬菜后，土壤状态会趋于稳定，病虫害也少。每年用同样的植物进行连作，每种蔬菜也会变得容易培育，特别是马铃薯的品质会得到提高。

6月中旬 →9月中旬

毛豆和玉米的栽培

6月中旬 起垄后，播种毛豆、玉米（和有蔓菜豆混栽）

9月中旬 都能采收

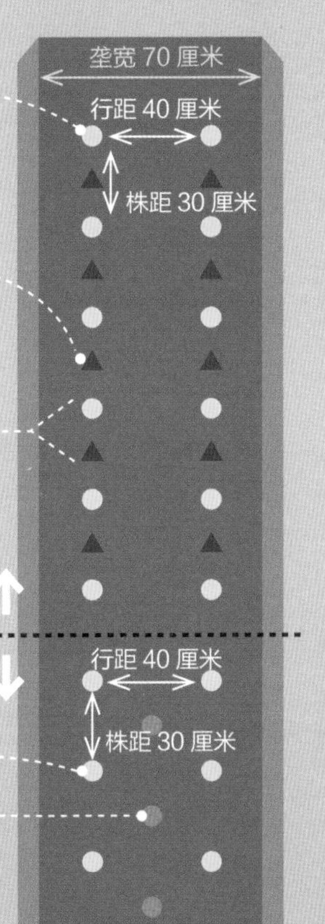

玉米
在每个穴播3粒种。真叶2~3片时进行间苗，留下1株。同时在株间播有蔓菜豆种进行混栽。

有蔓菜豆
由于根瘤菌的作用使土壤变肥沃。8月中旬~9月下旬依次采收。

因为科不同，所以具有驱避害虫的效果

培育过程中用饭菜渣精制肥进行追肥。

不施基肥和追肥。

玉米

毛豆
由于根瘤菌的作用使土壤变肥沃。菌根菌容易附着，能促进玉米生长。

9月下旬 →第2年3月上旬

嫩茎花椰菜、菠菜、萝卜、胡萝卜的栽培

9月下旬 起垄后，定植嫩茎花椰菜（混栽绿叶生菜），播种萝卜、胡萝卜、菠菜

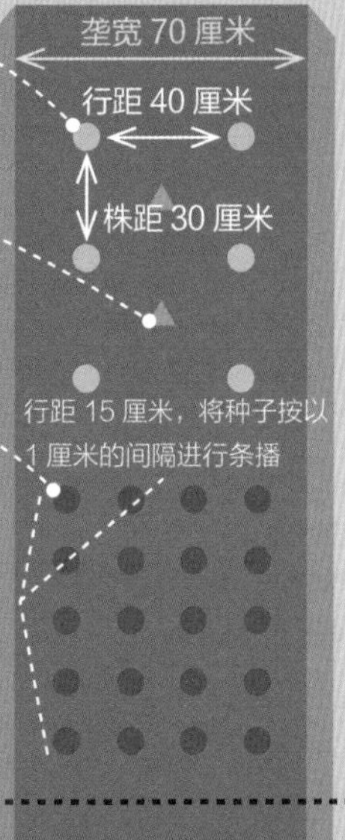

嫩茎花椰菜
定植后每隔3周培1次土，共培2次。12月下旬~第2年3月上旬采收。

绿叶生菜
在行间栽培。从10下旬开始采收。因为科不同，所以具有驱避害虫的效果。

菠菜
在植株长到5~6厘米时进行2次间苗，使株距达到6~8厘米。12月中旬~第2年3月上旬进行采收。

在起垄时施发酵好的堆肥和基肥。追肥时可追施饭菜渣精制肥。

不施基肥和追肥。

萝卜
在每个穴播5~7粒种。经过2次间苗后留下1株，株距30厘米。从12月上旬开始采收。

胡萝卜
若种子较多可进行条播。经过2次间苗，使株距达到10~12厘米。12月下旬~第2年3月上旬开始采收。

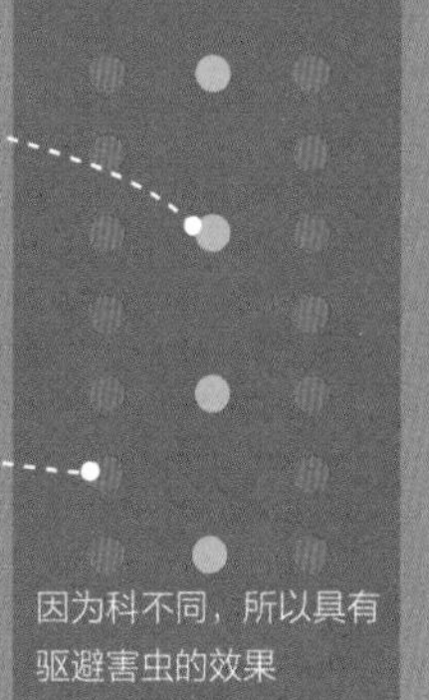

● 设计 B

实现果菜类的连作，在具有防病效果的同时，每年可采收常见蔬菜

这是从秋天开始栽培蔬菜、采收的同时，培养了耐病虫害强的土壤，使夏天到秋天的果菜类蔬菜连接起来的设计。

第 1 年的秋天培育以十字花科为主的叶菜类，从冬天到第 2 年春天培育洋葱、蚕豆、豌豆等越冬蔬菜，从第 2 年夏天到秋天培育番茄、茄子、甜椒、南瓜、黄瓜等果菜类。果菜类的开始时间比 5 月上旬的定植时间晚，采收开始也晚，夏天衰弱也差，采收可持续到晚秋。

【前后茬栽培的启示】

- 如果栽培叶菜类之前已经整地了，再栽培洋葱、蚕豆、豌豆时就可不用再整地。另外，在栽培洋葱之后的土壤中还有剩余的肥料养分，因为蚕豆、豌豆可使土壤变肥沃，所以把垄简单地进行修整就可栽培夏蔬菜。
- 在洋葱根上着生的微生物分泌的抗菌物质可减少后茬葫芦科、茄科土壤病害的病原菌，使连作成为可能（参照第 106~107 页）。

【混栽的启示】

- 叶菜类的混栽可驱避害虫（参照第 60 页），白菜和燕麦混栽可预防病虫害（参照第 52 页），萝卜和芝麻菜混栽具有驱避害虫等效果。
- 洋葱和蚕豆、豌豆混栽，具有促进生长发育、预防病害的效果（参照第 64 页）。
- 茄科和韭菜、葫芦科和大葱混栽，具有预防病害的效果（参照第 15、21、23、26、30 页）。番茄和罗勒、茄子和荷兰芹混栽，具有驱避害虫和促进生长发育的效果（参照第 14、20 页）。番茄和花生混栽，具有促进生长发育的效果（参照第 12 页）。

9月上旬 → 12月上旬

叶菜类、根菜类（白菜、萝卜、野油菜、小白菜、菠菜等）的栽培

9 月上旬 播种叶菜类、萝卜等，定植白菜
11 月上旬 ~12 月上旬 采收

白菜

定植苗。10 月中旬和 11 月上旬用饭菜渣精制肥进行追肥。12 月上旬采收。

燕麦

进行混栽时可预防病虫害。

菠菜、野油菜、小白菜

每种都是行距 15 厘米，将种子以 1 厘米的间隔进行条播。分 2 次进行间苗，使株距达到 6~8 厘米。从 11 月上旬开始把长大的进行采收。把不同科的植物进行相邻种植，有助于防除害虫。

芝麻菜

可驱避萝卜上的害虫，促进生长发育。从播种出苗后进行间苗，经 40 天左右就能采收。

萝卜

在每个穴播 5~7 粒种，行距 40 厘米，株距 30 厘米，通过 2 次间苗留下 1 株，12 月上旬采收。

最初的整地

在 9 月上旬播种的 3 周前施发酵好的堆肥和基肥（饭菜渣精制肥等）后充分混匀，然后起垄。

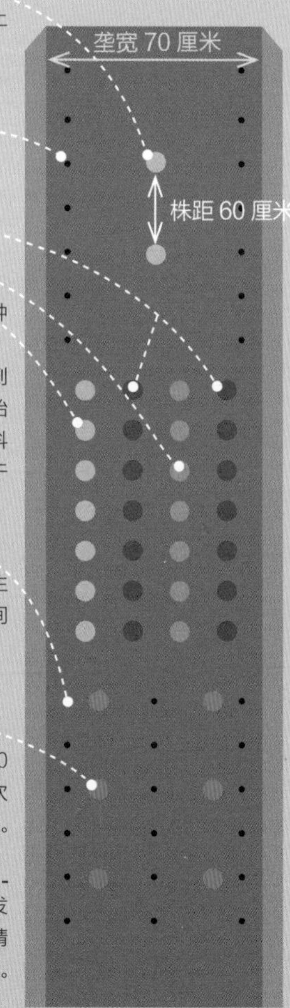

想轮作的用设计 A

在 6 月中旬洋葱等采收结束时，可采用设计 A 中毛豆和玉米的栽培。因为设计 A 是低营养型的栽培设计，所以只需把垄修复一下，不需要再施堆肥和基肥就完成整地。

如果想连作，就要把地整好之后再栽培

在 11 月上旬施发酵好的堆肥和基肥，细致耕地，然后起垄，在起垄后 3 周左右就可栽洋葱、蚕豆、豌豆。如果是连作（越冬蔬菜和果菜类的交错栽培），每年只在秋天进行 1 次整地即可。

12月上旬 → 6月中旬

越冬蔬菜（洋葱、蚕豆、豌豆）的栽培

12 月上旬 把垄修复后，立即定植洋葱、蚕豆、豌豆

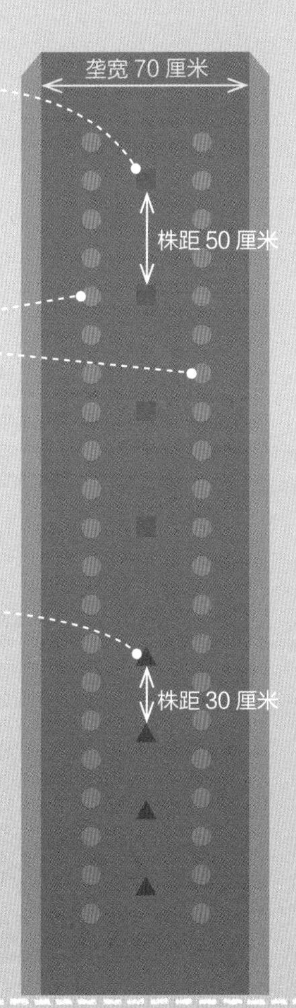

蚕豆

和洋葱之间的行距为 20 厘米。由于根瘤菌的作用，可使土壤变肥沃，所以不需要追肥。5 月上旬 ~6 月上旬采收。会成为害虫天敌的栖息场所。

洋葱

以 10~15 厘米的株距定植。根上的共生菌分泌出的抗菌物质可减少土壤中的病原菌。追肥可在 12 月下旬进行，2 月追施饭菜渣精制肥。6 月中旬采收。

豌豆

和洋葱的行距为 20 厘米。由于根瘤菌的作用会使土壤变肥沃。4 月下旬 ~6 月中旬采收。

6月中旬 → 10月下旬

夏秋采收的果菜类
（茄子、甜椒、番茄、南瓜、黄瓜）的栽培

6 月中旬 把垄修复后，定植茄子、甜椒、番茄、南瓜（或者是匍匐性黄瓜）

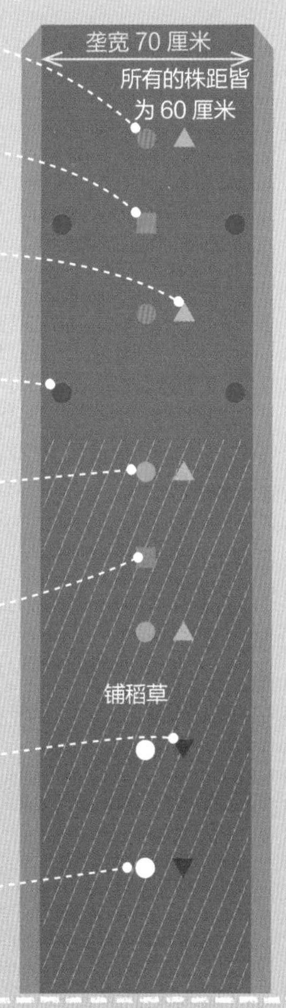

番茄

可不用追肥。7 月下旬 ~10 下旬采收。

罗勒

栽在番茄的株间，具有驱避害虫、促进生长发育的效果。

韭菜

栽在番茄、茄子、甜椒的植株基部。具有预防病害的效果。

花生

栽在垄肩上，具有驱避害虫、促进生长发育的效果。

茄子或者甜椒

每半个月施 1 次饭菜渣精制肥。采收可持续到 11 月中旬。

荷兰芹

栽在茄子、甜椒的株间，具有驱避害虫、促进生长发育的效果。

大葱

栽在南瓜、黄瓜的植株基部，具有预防病害的效果。

南瓜或者地爬黄瓜

可不用追肥。采收可持续到 11 月中旬。

使土壤变肥沃，利于后茬培育

绿肥植物的使用方法

蔬菜采收后，不要使地裸露空闲着，试着培育一下绿肥植物吧。这样不仅使土壤中的温度和湿度保持在一定的范围内，防止由于风雨造成的土壤流失，还有抑制杂草生长等效果。

● 根据用途选用

绿肥植物中禾本科和豆科较多，要根据用途选用。禾本科植物生长旺盛，在生长发育过程中可把土壤中剩余的肥料养分集中起来，发挥净土植物的作用。不仅地上部的茎叶量多，割了之后锄入土中，可供给土壤大量的有机物，有利于培肥地力。豆科植物在生长发育过程中，根上共生的根瘤菌使土壤变肥沃，割了之后锄入土壤中，因为茎叶中含有很多的氮，也起到肥料的效果。

除此之外，也有为了诱集线虫而使用的植物（参照第 72 页），或是像黄芥菜这样用来抑制土壤病原菌的植物，还有像向日葵等花朵美丽的景观绿肥植物。

● 主要的绿肥植物

禾本科的绿肥植物

春、夏播种

甜高粱、玉米、大黍、黑麦、燕麦等。

秋天播种

燕麦、黑麦、多花黑麦草等。

豆科的绿肥植物

春、夏播种

菽麻、田菁、决明等。

秋天播种

绛车轴草、红苜蓿、长柔毛野豌豆、紫云英等。

其他绿肥植物

芥菜、万寿菊、大波斯菊、向日葵、稗、荞麦等。

● 对线虫有效果的绿肥植物

根腐线虫

万寿菊、望江南、燕麦、大黍、甜高粱等。

根结线虫

菽麻、决明、花生、大黍、甜高粱等。

甜高粱

属禾本科。植株高1~2米，吸肥力强，能把过剩的肥料养分吸收掉。根量多，能使土壤疏松。对根肿病和根腐线虫有防除作用。

燕麦

属禾本科。植株高0.5~1.5米，根量多，能使土壤疏松。对根肿病、根腐线虫、黄曲条跳甲有防除作用。

菽麻

属豆科。植株高 1~1.5米，深根类型，对土壤改良起很好的作用；借助根瘤菌的作用，能使土壤变肥沃。在开花前把其锄入土中，具有防除根结线虫的作用。

绛车轴草

属豆科。植株高 1~1.5米，在春天时开鲜艳的红花，可作为景观绿肥使用。借助根上根瘤菌的作用，会使土壤变肥沃。

长柔毛野豌豆

属豆科。植株高 0.5 米左右，匍匐生长，蔓相互缠绕，成为地毯状，可抑制其他杂草的发生。借助根瘤菌的作用，会使土壤变肥沃。

使果树结出美味可口果实的陪植植物

【果树栽培】

有些植物与果树一块栽培，能使果树很好地生长发育。

这里列举了在家庭中培育的代表性果树及其陪植植物。

柑橘类 X 鼠茅草、长柔毛野豌豆

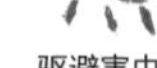

促进生长发育　驱避害虫　预防病害

厚厚地覆盖在植株基部，具有保湿和抑制杂草的作用

这是橘子等柑橘类果树栽培时广泛采用的混栽模式。鼠茅草是禾本科的 1 年生杂草，于冬天到第 2 年春天生长，可防止地表面干旱。当植株长至 50 厘米左右高时，在 6 月就出穗并发生倒伏，不久就干枯了。在这之前收割使植株高 10~15 厘米，避免出穗，就能维持绿叶状态直到秋天，从而抑制夏天的杂草生长，到了秋天干枯，最后分解，为土壤补充有机物。在保湿的同时可保护根，还可为害虫的天敌提供栖息场所，减少柑橘类病虫害的为害。

长柔毛野豌豆使用方法和鼠茅草一样。长柔毛野豌豆他感作用强，蔓互相缠绕繁茂地生长，可抑制杂草，到了 6 月干枯成毛毯状。因为它是豆科植物，所以能借助根瘤菌的作用使土壤变肥沃。

应用：鼠茅草、长柔毛野豌豆也能用于梅、桃、李、蓝莓等栽培中。也可用绿肥植物中的多花黑麦草、绛车轴草、红苜蓿等代替。

栽培流程

【品种选择】对柑橘类品种的选择没有什么特别的要求。鼠茅草、长柔毛野豌豆作为绿肥，市场上都有种子出售。

【整地】选择排水好、日光照射好的场所。在定植 1 个月前把腐叶土等锄入栽培场所。

【柑橘类的定植】春分左右是定植适期，到 4 月上旬结束。

【鼠茅草、长柔毛野豌豆的播种】9 月下旬 ~10 月上旬在柑橘类的植株基部撒播种子，轻轻锄土覆盖。

【追肥】柑橘类的施肥，在 3 月施油渣等有机肥料作为冬肥，追肥则在 6 月和 10 月施饭菜渣精制肥等。混栽鼠茅草时施肥量要多施 3 成左右，混栽长柔毛野豌豆时施肥量可稍少一点儿。

【采收】柑橘类的采收根据品种的采收期进行。鼠茅草的采种是在出穗后，于 7 月把干了的穗收割，晒干，到了 9 月从穗里取出种子。长柔毛野豌豆在 7 月前后从荚中取出种子。

【柑橘类的整枝修剪】定植后第 2 年，春天时剪切到株高 50~60 厘米，同时把前一年秋天伸展的部分进行回剪。第 3 年春天把前一年夏天以后伸展的部分进行回剪，对混杂拥挤的枝进行疏枝。

要点

鼠茅草也可不割放任生长。到了 7 月会自然干枯，叶厚厚的一层呈地毯状，可抑制夏天的杂草生长。散落的种子虽然在秋天会发芽，但因为长得稀稀落落，需再取一部分种子重新播种。长柔毛野豌豆也一样。因为二者都容易杂草化，所以在庭院中要注意加强管理。

左图为橘子农户用鼠茅草混栽的案例。柑橘类的栽培多在倾斜地，可以防止土壤流失。

葡萄 X 车前

用车前增加菌寄生菌，抑制白粉病的发生

葡萄的原产地是在干旱地区，所以不耐高温多湿的夏天，一到梅雨季节就容易发生白粉病，在叶片上生有白色粉状的霉层，叶片受损，光合作用不能充分进行，树的生长势变弱。甚至果穗上也会发生，受损而不能正常成熟。

在葡萄植株基部和棚架下生长的杂草——车前，不用拔除。虽然车前也发生白粉病，但是和葡萄白粉病病原菌的种类不同，所以不互相侵染。寄生车前白粉病病原菌的菌寄生菌增加，这种菌寄生菌也会寄生葡萄白粉病病原菌，从而可减轻病害。

应用：此组合对果树中易发生白粉病的苹果等也很有效果。在其他水果和蔬菜中，草莓、黄瓜、南瓜、西瓜、番茄等也可应用此方法。

栽培流程

【品种选择】对葡萄品种的选择没有什么特别的要求，但是一般而言，美国品系比欧洲品系更抗白粉病等病害。

【葡萄的定植】选择日光照射好、排水性好的场所，11 月 ~ 第 2 年 3 月锄入腐叶土后在稍微高一点儿的地方定植。定植后，把主枝剪至 50 厘米的高度，以促使侧枝伸展。

【车前的管理】自然生长的，可留下任其生长。从初夏到夏末抽出长穗并结种，在种子散落之前收集起来，在秋天播到葡萄的植株基部或棚架下即可。

【葡萄的整枝修剪】把伸展的枝引缚到棚架上。在棚架的上方选几根伸展的侧枝，配置好形状。在第 2 年的冬天把主枝进行回剪，再长出芽时，把向上的芽摘掉，另外的芽使之伸展成为新梢。第 3 年以后把前一年伸展的枝留 5~8 节，其余的剪掉。从各自的芽伸展形成的枝上都会结出果穗。

【疏花、疏穗、套袋】在 5 月开花时，对花穗进行修剪、整形，以控制大小。到了 6 月疏果穗，使 1 根结果枝上留下 1 个果穗。果穗长大后即可进行套袋。

【追肥】2 月可施以油渣为主的有机肥料作为冬肥，6 月和 9 月可施饭菜渣精制肥作为追肥。

【采收】葡萄着色完熟后进行采收。

要点

在车前不怎么生长的地方，可采用撒上大麦或燕麦种子，使之长出“封地绿肥”的方法。两种植物都容易发生白粉病，会增加菌寄生菌。若在春天播种，不要让其结穗，而应使植株矮矮地培育，秋天干枯后可成为土壤中的有机物来源。

车前的播种

把车前的种子播在葡萄植株基部到棚架下的全部地方。也可从路边生长的车前采种，然后播种。

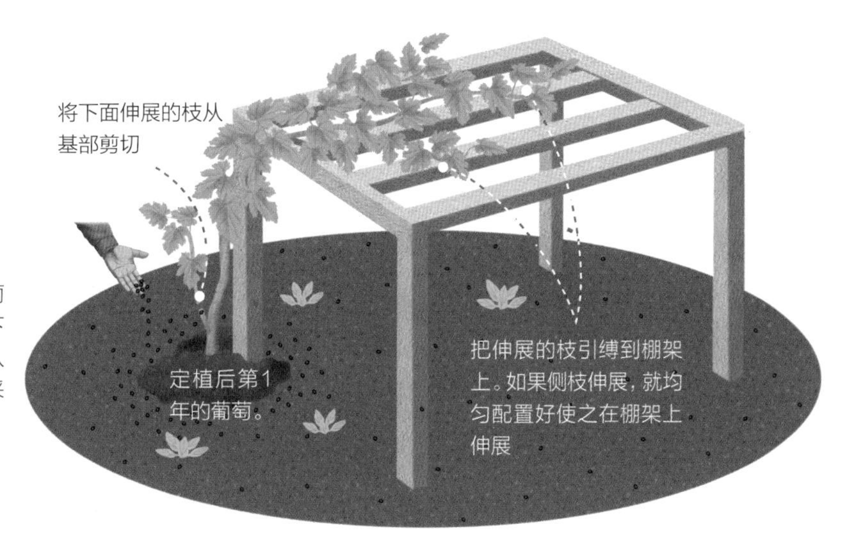

蓝莓 X 薄荷

为植株基部保湿的同时，其清香味还可驱避害虫

蓝莓是浅根类型的植物，喜欢酸性土壤，所以在其植株基部不怎么生杂草。若只是栽培薄荷，其地下茎大范围地伸展，生长繁茂，会独占这一片土地。但是把两者一起培育，却能很好地共存，而且由于薄荷的相助，蓝莓的生长发育更好了。

这其中的原因是通过薄荷可以保湿，蓝莓枝长得快，易着生花芽。而且由于薄荷独特的清香味，蓝莓害虫的为害能被抑制。

应用：薄荷和黑莓等其他的莓类水果也很投缘。也可用麝香草代替薄荷。

栽培流程

【品种选择】蓝莓有适合寒冷地栽培的北高灌蓝莓品系，适合温暖地带的南高灌蓝莓品系和兔眼蓝莓品系等。建议选择 2 株以上的不同品种，以促进授粉。薄荷有一般直立性的和匍匐性的灌木薄荷，都可利用。

【整地】因为蓝莓喜欢酸性土壤，所以要在栽培场所掺入酸度未调整的泥炭土。

【定植】定植蓝莓时不要栽深了，可在11月~第2年3月定植。薄荷的定植从3月下旬开始，离开蓝莓植株基部30厘米左右即可。

【追肥】在 3 月为蓝莓施冬肥（基肥），果实采收后（采收期因品种而异）施礼肥。薄荷不需要施肥。

【采收】蓝莓从完成着色开始采收。薄荷的枝伸长后便可随时利用。

【蓝莓的整枝修剪】3 月时对枝的尖端进行回剪，使花芽不要太多，疏结果枝。结果差的老枝应在冬天进行疏枝；从植株基部伸出的新枝，可任其生长以进行更新。

要点

薄荷要经常进行修剪，使植株高度保持在 10~15 厘米，剪下的茎叶可利用。由于随时修剪，可提高清香味，驱避害虫的效果也提高。另外，通过修剪而避免开花，可使采收持续到下霜前。

薄荷靠近蓝莓的植株基部繁茂生长。这和猕猴桃等排斥薄荷形成鲜明对照。

醋栗类 X 野豌豆

为植株基部保湿，促进从春天到夏天的生长发育

醋栗类（加仑类）中广为人知的有红醋栗（红加仑）、白色果实的白醋栗，以及黑醋栗（黑加仑）等。它们的原产地在欧洲，耐寒性强，但是对湿热的夏天不适应，因此适合在寒冷地栽培。

在欧美常见醋栗类和野豌豆的混栽，而在日本多利用牧草用的野豌豆（冬季野豌豆等）。它们秋天发芽，在冬天薄薄地覆盖着地表面，一到 3 月就繁茂生长，蔓互相缠绕，扩展成地毯状。从冬天到第 2 年春天能使醋栗类的植株基部保持一定的湿度，其萌芽也变好，还能促进以后的生长发育及开花、结果。因为野豌豆是豆科植物，所以利用根瘤菌能固定空气中的氮，会使土壤变肥沃。夏天干枯后覆盖着地表，在防止地温上升的同时还能保持湿度，抑制杂草的发生，最后分解，还会给土壤补充有机物。

栽培流程

【品种选择】对品种的选择没有什么特别的要求。建议野豌豆选择适合寒冷地的冬季野豌豆，晚生而且能维持长时间的绿叶状态。

【醋栗类的栽培】选择日光照射好的场所。如果是夏天上午日光照射好，下午多少有点儿遮阴的地方，就不容易出现树势衰弱现象。整地时锄入腐叶土。12 月 ~ 第 2 年 2 月定植。1~2 月把混杂拥挤的枝疏去。结果后 4~5 年枝条会老化，可利用从植株基部长出来的新芽，更新植株。

【野豌豆的播种】10~11 月在醋栗类植株基部撒播种子，轻锄覆盖一层薄土。

【追肥】醋栗类在 2 月施冬肥，10 月进行追肥，都是施用以油渣为主的有机肥料。由于栽植了野豌豆会使土壤变肥沃，所以施肥量比单独栽植时略少一点儿即可。

【采收】6 月下旬 ~7 月中旬是采收期，从着色完熟的果实开始采收，可加工成果酱或果酒等。

要点

野豌豆类植物的他感作用强，在田地中也容易杂草化，所以要注意管理，不过在果树下可作为覆盖物利用。建议在寒冷地区用冬季野豌豆，在温暖地区则用长柔毛野豌豆。

最终取得这样的效果

在生育期内能进行保湿

冬季野豌豆以地毯状覆盖在植株基部，具有保湿作用，促进醋栗类叶片生长和开花。

使土壤变肥沃

因为野豌豆是豆科植物，由于根瘤菌的作用，土壤会变肥沃，使醋栗类只要较少的肥料就能很好地生长发育。

访花昆虫被吸引过来

5 月野豌豆花盛开，访花昆虫被吸引过来，醋栗类能很好地授粉。

醋栗类

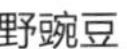

野豌豆

无花果 X 枇杷

和枇杷混栽，可减少天牛对无花果的为害

在无花果生产的田地里，有时会见到多处栽着枇杷树，据说是因为枇杷可驱避无花果上的天牛。

天牛蛀食主干和枝，使枝或树全体枯死。天牛的种类很多，同时为害无花果和枇杷的种类也有，但是总起来讲为害无花果的占多数。其中有代表性的害虫星天牛，就很少为害枇杷。虽然从科学的角度还没有完全探明原因，但是大多数人认为是枇杷中的清香物质对天牛有驱避作用。

栽培流程

【品种选择】 对无花果、枇杷品种的选择都没有什么特别的要求。

【无花果的栽培】 选择日光照射好、排水好的场所。无花果喜欢中性土壤，所以在整地时可掺入腐叶土和镁石灰。11月~第2年3月定植，在植株高30~50厘米处剪切，周围铺稻草等覆盖。第2年的冬天留下3根侧枝，把其余的剪掉。第3年以后的冬天把前一年伸展的新梢疏掉或回剪，以整理树形。

【枇杷的栽培】 选择日光照射好、排水好的场所。整地时土壤中掺入腐叶土。2月下旬~3月下旬进行定植，用支柱进行固定。因为冬天着生花和果实，所以修剪要在每年的9月进行。把重叠的枝疏掉，将伸展得很长的枝尖端进行回剪。因为枇杷生长发育旺盛，如果放任不管会很快长高。

【追肥】 无花果在2月施冬肥，6月和10月进行追肥。枇杷在3月施冬肥，6月和9月进行追肥。冬肥施以油渣为主的有机肥料，追肥用饭菜渣精制肥等。

【疏蕾、疏果】 无花果不需要。枇杷从10月开始疏蕾，在1个果穗中只保留下面几段，把上面的疏掉。3月下旬~4月上旬在1个果穗上留几个果实，进行套袋。疏蕾、疏果的留果数，大型品种少留几个，中型品种可留得稍多一些。

【采收】 无花果根据品种的不同，从6月下旬~9月下旬之间都有着色完熟的，就可采收。枇杷在5月中旬~6月下旬，从完熟的果实依次采收。

要点

星天牛对橘子等柑橘类果树也有很大的危害，与枇杷混栽防效也很好。二者在温暖地区都能很好地生长发育，栽培环境也很相似。

能驱避天牛

即使是离无花果一定距离栽培枇杷，也有驱避害虫的效果。如果是培育大量无花果，可每隔10株无花果栽1株枇杷。

最终取得这样的效果

枇杷

因为有的会发生白纹羽病，所以可在植株周围栽植韭菜（参照第124页）。

韭菜

天牛的危害减轻。

柿 X 茗荷

驱避害虫

促进生长发育

柿的未熟果落果减少了，茗荷也能很好地生长发育

以前很多家庭在庭院中栽种柿树，多数在其植株周围都会栽上茗荷。看来在很早以前，二者很投缘的这一特性就被人们熟知并利用了。

柿在5月下旬开花以后，6月下旬~9月中旬会发生未熟果自然掉落的“生理落果”现象。其中一个原因就是夏天的干旱。若把茗荷栽在柿树基部，能起到保湿作用，减少生理落果，从而提高产量。茗荷不喜欢强日光照射和干旱，在柿树的半遮阴下能很好地生长发育。

另外，茗荷到11月中旬茎叶干枯后覆盖着地表，可抑制冬天的杂草生长。可把干枯的茎叶割掉，铺在周围，冬天分解后可为柿树提供养分。

栽培流程

【品种选择】对柿、茗荷品种的选择都没有什么特别的要求。

【柿树的定植】选择日光照射好的场所，在11月~第2年3月期间定植。如果用出售的嫁接苗，定植后第4年就能采收。

【茗荷的定植】适期为3月中旬。距离柿树基部30厘米，以株距40厘米呈圆形定植茗荷的种株（根株）。如果是定植于已经栽培长大的柿树周围，则应定植于树冠内侧、远离植株基部的位置。

【追肥】柿在12月~第2年1月施冬肥，7月、10月再各追肥1次，共3次。茗荷不需要施肥。

【采收】柿从着色的果实依次采收。茗荷可于第1年秋天采收，第2年夏天可采收茗荷花。露出地面时，便细心地挖起采收。

【柿的整枝修剪】整枝在冬天落叶期进行，培育成主干形。第1年在主干70~80厘米处剪切。第2年把最上面的枝留下1/3，把其余的侧枝剪掉。第3年把最上面的枝留下1/2，把下面的侧枝留下2根。以后剪掉2年枝，留下1年枝使之成为结果枝。

要点

经过3年左右茗荷植株增大，生长发育也变差。可把种株挖出来，结合着柿树树冠的扩大，逐渐地向外移植。

茗荷在柿树植株基部的半日照环境中也能生长良好。

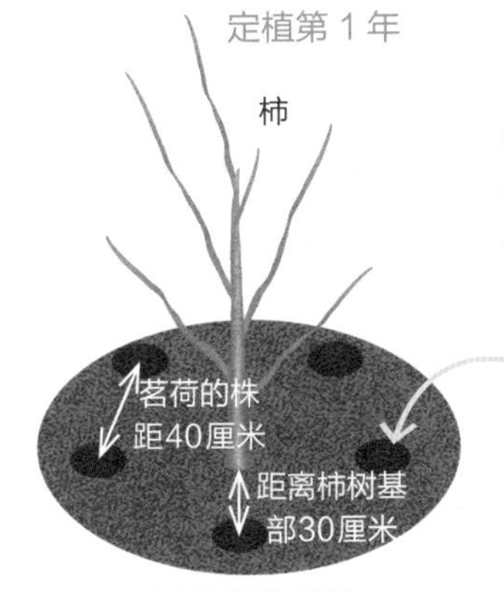

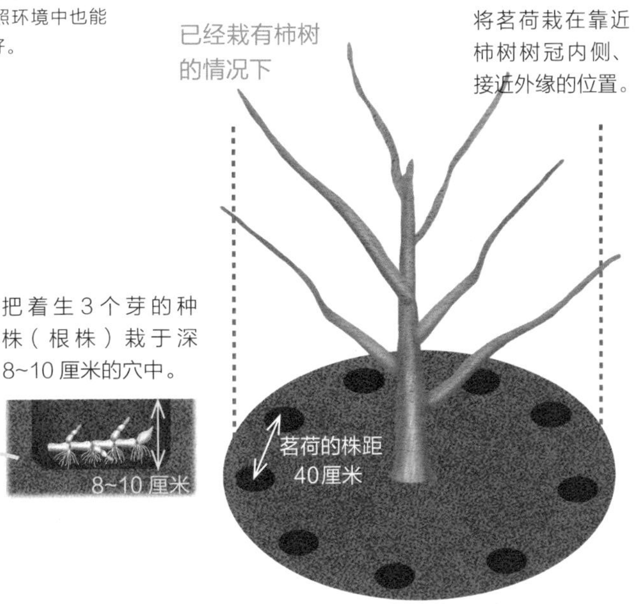

李子 X 韭菜

在树干的周围栽上韭菜，可预防病害的发生

李子（毛梗李、加州李等）有时会出现春天萌芽或新梢伸展不好，或树冠的外侧叶色不好等现象。也有的虽然着生着很多花芽，但是果长不大，逐渐地树势也就变衰弱了。这是由一种叫作白纹羽病的真菌性病害引起的。其病原菌侵入根部，因为菌丝伸展并堵塞维管束，所以最后树就枯死了。这种病害在梅、苹果、梨等果树上也经常发生。

通过韭菜的抗菌作用，以及韭菜根上共生的善玉菌分泌的抗菌物质，可对白纹羽病菌进行防除。这是从过去就传承下来的防除方法。

应用： 这种方法对杏、梅等李类（李亚属）树种都有效。

栽培流程

【品种选择】 需要授粉树的李子种类很多，栽培时应注意。对韭菜品种的选择没有什么特别的要求。

【李子的栽培】 选择日光照射好、排水好的场所，如果排水不好容易发生白纹羽病。可施发酵好的堆肥和腐叶土进行土壤改良。于 11 月 ~ 第 2 年 3 月定植，应浅植并把主枝剪至 50 厘米左右的高度。在第 2 年冬天把主要的枝留下 2 根，并斜向引缚。第 3 年以后把伸展的枝进行回剪，培育短果枝。

【韭菜的定植】 5 月中旬 ~6 月中旬为定植适期，不过除冬天外也能栽植。远离李子树基部，在新根伸展附近（树冠的近边缘处）围着树呈圆形定植。

【追肥】 李子树于 2 月施冬肥，5 月和 10 月进行追肥。韭菜不需要施肥。

【采收】 李子的采收期因品种而异。毛梗李的采收期为 6 月下旬 ~8 月下旬，加州李的采收期为 8 月下旬 ~9 月下旬。将着色完熟的果实依次采收。韭菜的采收参照第 63 页。

要点

白纹羽病在李子树以外的果树上也发生。在寒冷地区主要栽培苹果等果树的，也采用栽植细香葱的传统农法。

在李子树基部混栽韭菜的案例。

定植苗木

已经栽有李子树的情况下

油橄榄 X 马铃薯、蚕豆等

有效利用空间

促进生长发育

利用植株基部的空间，培育从晚秋到初夏的蔬菜

这是在意大利、西班牙等地中海沿岸各国的油橄榄有机栽培农园中经常看到的混栽组合。利用油橄榄植株基部的空间，从晚秋到初夏培育马铃薯、蚕豆、洋葱等蔬菜。由于环境的多样性，为害油橄榄的害虫也少了。另外，由于混栽借助菌根菌的菌丝形成了发达的菌丝群落，使不同种类的植物间进行养分的再分配，能互相促进生长发育。因为油橄榄是常绿植物，可成为蔬菜的挡风屏障。

除蔬菜以外，再培育豆科的绿肥植物——野豌豆，不仅能在春天进行保湿，而且由于根上共生的根瘤菌会使土壤变肥沃。

栽培流程

【品种选择】若想采收油橄榄果实，基本上都需要授粉树。对马铃薯、蚕豆、洋葱品种的选择都没有什么特别的要求。

【油橄榄的栽培】选择日光照射好、排水好的场所。因为喜欢中性土壤，所以整地时在加入腐叶土的同时也掺入镁石灰。定植后从植株 50 厘米高处剪切，第 2 年以后将 2~3 月伸展出的生长过长的枝随时进行回剪，以增加枝的数量。疏果在 7 月中旬 ~8 月中旬进行。

【马铃薯、蚕豆、洋葱等的栽培】马铃薯的栽培参照第 80 页。蚕豆、洋葱的栽培参照第 64~65 页。

【追肥】油橄榄在 3 月施冬肥，6 月、11 月进行追肥。其他的蔬菜按照各自的栽培需要进行施肥。

【采收】油橄榄的采收期为 10~11 月。

要点

油橄榄采用盆栽时，可混栽不怎么占用栽培面积的洋葱、韭菜等，能够较好地防止油橄榄白纹羽病的发生。此外，也可栽培麦类等。

油橄榄

在易干旱的春天能起到保湿作用，使油橄榄很好地生长发育。

蔬菜类都是在 6 月前后可采收。

阻挡寒风，促进蚕豆生长。

蚕豆

马铃薯

洋葱

距离油橄榄植株基部 50 厘米以上栽种。

陪植植物一览表

投缘性好的组合和期待的效果

蔬果	陪植植物	预防病害	驱避害虫	促进生长发育	有效利用空间	前后茬栽培	页数
草莓	矮牵牛花			●			69、89
	大蒜	●	●	●	●		69、88
	大葱	●	●	●	●		88
无花果	枇杷		●				122
无蔓菜豆	茄子		●	●	●		18
	甘薯		●	●	●		79
有蔓菜豆	苦瓜		●	●	●		47
	玉米		●	●	●		38
	芝麻菜		●	●	●		46
梅	麦冬			●	●		—
毛豆	玉米		●	●			42、69
	薄荷		●				44
	紫叶生菜		●	●			45
	胡萝卜		●	●		●	75、98
	白菜			●		●	96
	萝卜			●		●	98
	越冬嫩茎花椰菜			●		●	110
秋葵	豌豆			●	●		69
	大蒜	●		●		●	105
油橄榄	马铃薯、蚕豆、洋葱			●	●		125
柿	茗荷			●			123
芜菁	胡萝卜		●	●			76
	细叶葱	●	●	●			70
	绿叶生菜		●				71
	茼蒿		●				58、71
南瓜	大麦	●		●			31
	苜蓿、车前	●		●			—
	大葱	●		●			30
	玉米			●	●		28、92
	看麦娘	●	●	●			35
	洋葱	●		●	●	●	106
	茄子	●				●	—
醋栗类	野豌豆		●	●			121
甘蓝	紫叶生菜		●				48
	胡萝卜		●				—
	鼠尾草		●				—
	繁缕、白苜蓿		●	●			36、51
	萝卜	●				●	103
春甘蓝	蚕豆		●	●	●		50、69
黄瓜	大葱	●					26
	麦类	●	●				27、69
	山药			●	●		24
	大蒜	●		●		●	101
牛蒡	薤			●		●	108
	菠菜			●	●		57
小油菜	藜、白藜			●			36、55
	茼蒿		●				58

蔬果	陪植植物	预防病害	驱避害虫	促进生长发育	有效利用空间	前后茬栽培	页数
小油菜	韭菜	●	●				55
	胡萝卜		●	●			76
	绿叶生菜		●				54、71
苦瓜	山原繁缕		●	●			—
	有蔓菜豆		●	●	●		47
	韭菜	●					—
魔芋	燕麦	●					—
甘薯	红紫苏		●	●	●		78
	无蔓豇豆		●	●	●		79
	无蔓菜豆		●	●	●		79
	萝卜			●		●	104
芋头	生姜			●	●		84
	马铃薯			●	●	●	80
	萝卜			●	●		69、86
	荷兰芹		●	●	●		87
	西芹		●	●	●		87
	玉米			●	●		41
紫苏	红紫苏、青紫苏		●				90
马铃薯	羊蹄	●	●	●			82
	芋头			●	●	●	80
	藜、白藜	●	●	●			82
	西芹			●	●		83
	油橄榄			●	●		125
	越冬嫩茎花椰菜			●		●	111
茼蒿	十字花科蔬菜		●				58、60
	罗勒		●				59
生姜	芋头			●	●		84
	茄子		●	●	●		16
	嫩茎花椰菜			●	●		—
西瓜	玉米			●	●		28
	大葱	●					32
	大麦	●		●			31
	马齿苋			●			33
	菠菜			●		●	99
蚕豆	油橄榄			●	●		125
	春甘蓝		●	●	●		50、69
	洋葱	●	●	●	●		64
萝卜	繁缕			●			72
	茄子			●	●		19
	万寿菊		●	●			72
	芋头			●	●		86
	甘薯			●		●	104
	胡萝卜		●	●			76
	芝麻菜		●	●	●		72
	芜菁			●			77
	毛豆			●		●	98
	甘蓝	●				●	103

蔬果	陪植植物	预防病害	驱避害虫	促进生长发育	有效利用空间	前后茬栽培	页数
洋葱	绛车轴草		●	●			66
	蚕豆	●	●	●	●		64
	洋甘菊		●				67
	南瓜	●		●	●	●	106
	茄子	●		●		●	107
小白菜	茼蒿		●				58、60
	细叶葱	●	●	●			60、70
	绿叶生菜		●				60、71
	胡萝卜		●	●			76
	番茄		●	●		●	100
玉米	大豆（毛豆）		●	●			42、69
	红小豆		●	●			40
	有蔓菜豆		●	●	●		38
	南瓜			●	●		28
	西瓜			●	●		28
	鸭儿芹			●	●		41
	芋头			●	●		41
	马齿苋			●			—
番茄	韭菜	●	●				15、69
	小白菜		●	●		●	100
	花生			●	●		12、69
	罗勒		●	●			14
茄子	荷兰芹		●	●	●		20、69
	韭菜	●	●				21
	花生			●	●		12
	无蔓菜豆		●	●	●		18
	生姜		●	●	●		16
	萝卜			●	●		19
	洋葱	●		●		●	107
韭菜	藜			●			63
	李子	●					124
胡萝卜	毛豆		●	●		●	75、98
	萝卜、红萝卜		●	●			76
	芜菁、小白菜		●	●			76
大蒜	绛车轴草		●	●			—
	草莓	●	●	●	●		88
	秋葵	●		●		●	105
	黄瓜	●		●		●	101
葱	菠菜	●		●			56、69
	芜菁	●	●	●			70
白菜	金莲花		●				53
	生菜		●				—
	燕麦	●	●	●			52、69
	毛豆			●		●	96
荷兰芹	茄子		●	●	●		20、69
甜椒	无蔓菜豆		●	●	●		18
	金莲花		●				22
	花生			●	●		12
	韭菜	●	●				23
	菠菜、生菜			●	●	●	102
葡萄	车前	●					119

蔬果	陪植植物	预防病害	驱避害虫	促进生长发育	有效利用空间	前后茬栽培	页数
葡萄	酢浆草		●				—
李子	韭菜	●					124
蓝莓	薄荷		●	●			120
嫩茎花椰菜	鼠尾草		●				49、68
	生菜		●	●	●		48、62
	生姜			●	●		—
	蚕豆		●	●	●		50
	繁缕、白苜蓿		●	●			51
	菠菜			●		●	109
	毛豆			●		●	110
	秋马铃薯			●		●	111
菠菜	细叶葱	●		●			56、60
	牛蒡			●	●		57
	十字花科蔬菜		●				60
	西瓜			●		●	99
	甜椒			●	●	●	102
	嫩茎花椰菜			●		●	109
柑橘（柑橘类）	鼠茅草、长柔毛野豌豆	●	●	●			118
	酢浆草		●				—
野油菜	马齿苋			●			—
	绿叶生菜		●				71
	茼蒿		●				58
	韭菜	●	●				55
茗荷	迷迭香			●	●		91
	柿			●			123
甜瓜	细香葱	●					34
	看麦娘	●	●	●			35
	大葱	●					34、69
黑麦	紫云英			●			—
花生	番茄			●	●		12
	茄子、甜椒			●	●		12
薤	牛蒡			●		●	108
红萝卜	罗勒		●				74
	胡萝卜		●	●			76
生菜	十字花科蔬菜		●				48、54、62、71
迷迭香	茗荷			●	●		91

应避开的组合

蔬果	应避开的植物	会出现的障碍
草莓	韭菜	生长发育变差
黄瓜	菜豆	线虫增多
西瓜	菜豆	线虫增多
萝卜	大葱	出现支根
番茄	马铃薯	生长发育变差
茄子	玉米	生长发育变差
胡萝卜	菜豆	线虫增多
马铃薯	甘蓝	生长发育变差
甜瓜	菜豆	线虫增多
生菜	韭菜	生长发育变差
甘蓝	芝麻	生长发育变差
所有蔬菜	香草类	生长发育变差

伴生栽培是农业生产经验和智慧的集结。植物之间并不一定是互相竞争的关系，较多的是以共赢的方式“共生”着，即使时间和场所不同也能有再现性，在栽培中可以灵活运用。通过伴生，植物能够利用本来的力量，提高土壤这一小的生态系统的综合生产能力，从而健全地培育出美味可口的蔬果。在本书中列举了88种伴生栽培组合的实例，这也只是被科学地探明了的极少的一部分，还有很多可以去查询、应用。

本书适合广大蔬果种植户及相关技术人员使用，也可供农林院校相关专业的师生阅读参考。

版面设计　山本　阳
插　　图　山田博之
构成・文　三好正人
协助拍摄　木岛利男、高桥　稔、泷冈健太郎、若林勇人
校　　正　佐藤博子
设　　计　天龙社

图书在版编目（CIP）数据

图解蔬果伴生栽培优势与技巧 /（日）木岛利男著；赵长民译.
— 北京：机械工业出版社，2020.9（2024.6重印）
ISBN 978-7-111-65283-0

Ⅰ.①图…　Ⅱ.①木…　②赵…　Ⅲ.①蔬菜园艺－图解
②果树园艺－图解　Ⅳ.①S6-64

中国版本图书馆CIP数据核字（2020）第058464号

机械工业出版社（北京市百万庄大街22号　邮政编码100037）
策划编辑：高　伟　周晓伟　　　责任编辑：高　伟　周晓伟
责任校对：赵　燕　　　　　　　责任印制：郜　敏

天津市银博印刷集团有限公司印刷

2024年6月第1版・第3次印刷
169mm × 230mm・8印张・145千字
标准书号：ISBN 978-7-111-65283-0
定价：45.00元

电话服务　　　　　　　　　网络服务
客服电话：010-88361066　　机　工　官　网：www.cmpbook.com
　　　　　010-88379833　　机　工　官　博：weibo.com/cmp1952
　　　　　010-68326294　　金　　书　　网：www.golden-book.com
封底无防伪标均为盗版　　　机工教育服务网：www.cmpedu.com